U0250465

武汉大学优秀博士学位论文文库

地球磁尾动力学过程的卫星观测和数值模拟研究

Study of Kinetic Processes in the Earth's
Magnetotail Using Satellite Observation and Numerical Simulation

周猛 著

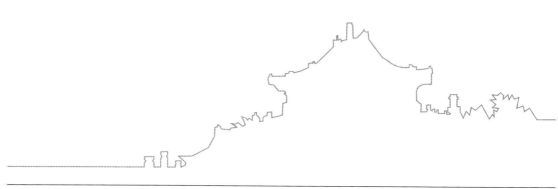

WUHAN UNIVERSITY PRESS
武汉大学出版社

图书在版编目(CIP)数据

地球磁尾动力学过程的卫星观测和数值模拟研究/周猛著. —武汉：武汉大学出版社,2015.3

武汉大学优秀博士学位论文文库

ISBN 978-7-307-14847-5

Ⅰ.地…　Ⅱ.周…　Ⅲ.地球动力学—磁尾—数值模拟—研究　Ⅳ.P541

中国版本图书馆 CIP 数据核字(2014)第 263739 号

责任编辑:任　翔　黄　琼　　责任校对:汪欣怡　　版式设计:马　佳

出版发行: **武汉大学出版社**　　(430072　武昌　珞珈山)

（电子邮件：cbs22@whu.edu.cn　网址：www.wdp.com.cn）

印刷:武汉市洪林印务有限公司

开本:720×1000　1/16　　印张:10.25　字数:142 千字　　插页:8

版次:2015 年 3 月第 1 版　　2015 年 3 月第 1 次印刷

ISBN 978-7-307-14847-5　　定价:25.00 元

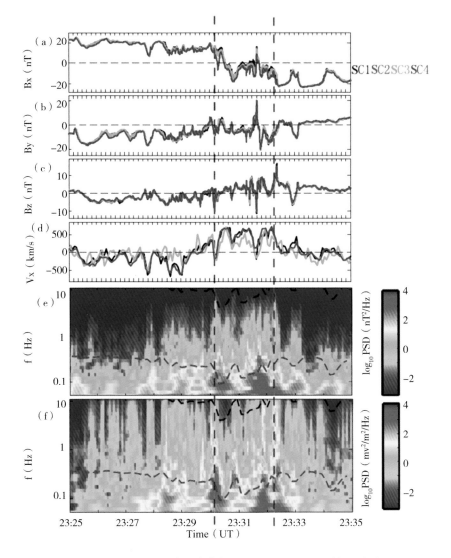

图 3-1 Cluster 卫星在返流期间 23:25 至 23:35 UT 的观测图

从上至下依次为:(a)(c)磁场的 x,y,z 分量,(d)质子流的 x 分量,(e)(f)
小波分析得到的磁场和电场功率谱图;两根竖的短划线表示观测到低混杂波的
时间;图 1e 和 1f 中的黑色和蓝色短划线分别表示低混杂频率和离子回旋频率;
卫星 SC1,SC2,SC3 和 SC4 分别用黑色、红色、绿色和蓝色表示。

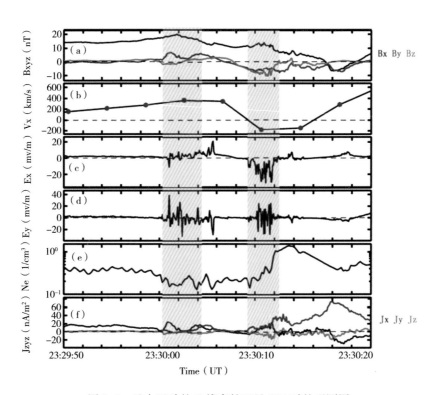

图 3-2 地向运动的 X 线穿越卫星 SC4 时的观测图

（a）磁场的三个分量，（b）质子流的 *x* 分量，（c）和（d）电场的 *x* 和 *y* 分量，（e）电子密度，（f）电流密度；x，y，z 分量分别用黑色、红色和绿色线条表示；两个阴影部分标明有密度梯度存在的两条磁分界线。

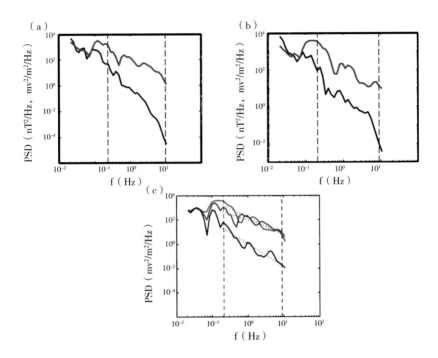

图 3-3　SC4 卫星在磁分界线和以外的区域测到的磁场和电场功率谱

（a）23:30:00～23:30:06 UT 间测到的电场（红）和磁场（蓝）功率谱,（b）同图 3-3a 一样,不过时间段是 23:30:09～23:30:13UT,（c）三个不同时间段测得的电场功率谱,分别是 23:00:00～23:00:06 UT(红),23:00:09～23:00:13UT（绿）,23:29:52～23:29:58UT（粉红）。粉红线表示的是分界线以外的区域,黑色短划线表示的是低混杂频率,蓝色短划线则是质子回旋频率;（f_{ci}, f_{lh}）间的电场功率谱通过线性拟合得到的幂指数分别为（23:30:00～23:30:06UT）和（23:30:09～23:30:13UT）。在 23:29:52～23:29:58UT 时间段,幂指数为 $\alpha = -2$;图中的点画线是通过线性拟合得到的表示幂律的直线。

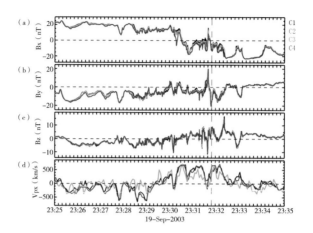

图 3-9 23:25 ～ 23:35UT 之间磁场和等离子体流的观测图

从上至下依次为：(a)-(c)磁场的 x,y,z 分量，(d)质子流的 X 分量。卫星 SC1,SC2,SC3 和 SC4 分别用黑色、红色、绿色和蓝色表示。

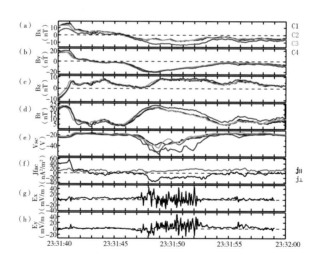

图 3-10 密度耗空区附近，即 23:31:40 – 23:31:00 UT 间观测到的
磁场、卫星电势、电流密度以及电场

从上至下依次为：(a)-(c)四颗卫星的磁场三分量，(d)四颗卫星总磁场大小，(e)SC4 卫星的电势，(f)平行(黑)和垂直(红)电流密度，(g)和(h)SC4 卫星测得的电场 x,y 分量。

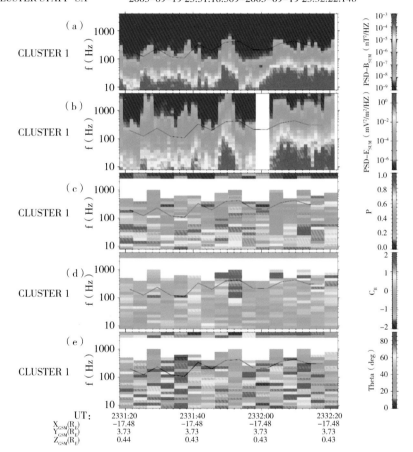

图 3-12　8-4000 Hz 频段内波动的功率谱和极化分析

从上至下依次为：(a)和(b)分别是磁场和电场功率谱,(c)磁场极化度,
(d)极化方向,(e)传播方向；每个面板中的黑色线表示电子回旋频率；图中的
数据都来自 SC1

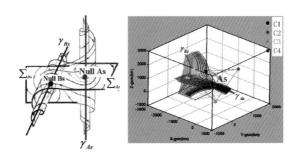

图 4-3　三维磁重联结构示意图

左图表述正的螺旋零点 As 和负的螺旋零点 Bs 形成的螺旋零点对结构。螺旋零点 As 的 fan 平面包裹着螺旋零点 Bs 的 spine 线，同时 Bs 的 fan 平面包裹着 As 的 spine 线；右图是在 09:48:01 UT 由拟合方法得到的 As 和 Bs 附近磁力线结构的示意图，在 As 和 Bs 附近有一个卷曲结构；在 Bs 附近，Bs 的 spine 线近乎为 As 的 fan 平面内的磁力线；在 As 附近，As 的 spine 线近乎为 Bs 的 fan 平面内的磁力线，spine 线和 fan 平面之间的夹角分别为 2.4° 和 1.3°。

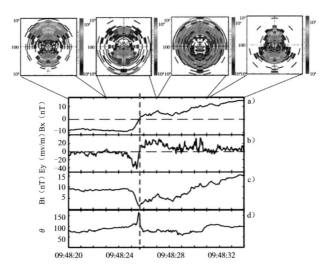

图 4-6　SC2 卫星在穿越电流片以及分离线时观测到的电场，
磁场以及粒子特征

（a）磁场 Bx 分量，（b）电场 E_y 分量，（c）总磁场大小，（d）Cluster 星簇计算得到的电流密度与 SC2 卫星测得磁场的夹角；图上方的四个小图为在不同时间的电子分布

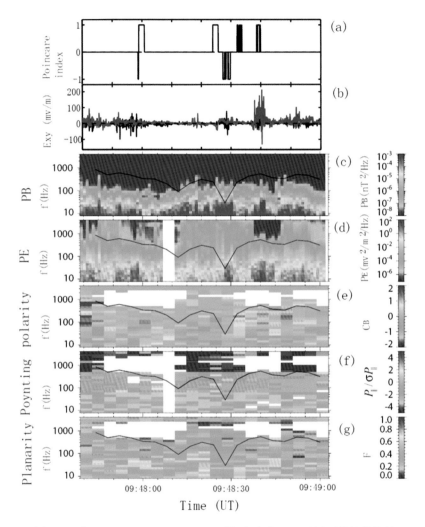

图 4-8　在 09:47:40 – 09:49:00UT 时间段内由 SC2 观测到的波的特征

　　从上至下分别为:(a)Poincare 指数,(b)电场的 x,y 分量,(c – d)磁场和电场的功率谱密度,(e)极化特征。极化率为 1 意味着高度右旋圆极化,极化率为 –1 代表高度左旋圆极化,线性极化波极化率为 0,(f)归一化的平行磁场方向的 Poyting 矢量,(g)磁场波动的平面度。谱图上的黑色实线表示电子回旋频率。

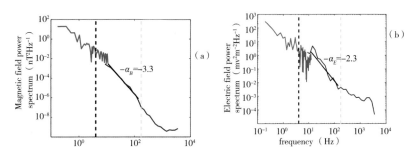

图 4-9　在 2001 年 10 月 1 日 09∶48∶23 — 09∶48∶28UT 时间段内,
由 FGM(红)和 STAFF(蓝)得到的磁场功率谱,以及由
EFW(红)和 STAFF(蓝)得到的电场功率谱

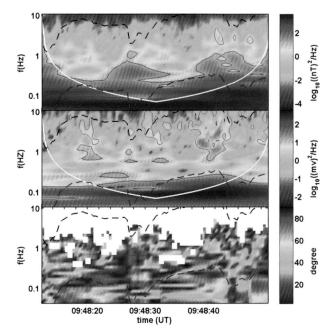

图 4-10　对 SC2 的高分辨率数据使用小波变换所得到的电磁场功率谱

分析(a)磁场的功率谱,(b) 电场的功率谱,(c) 使用 SVD 方法分析磁场得到的波动传播角度,这里仅仅展示了功率谱密度超过 0.1nT2・Hz-1 的部分;图中黑色虚线对应低混杂频率,蓝色虚线对应质子回旋频率。在磁场和电场功率谱图中,白色实线描绘的是影响锥,在该影响锥以下的功率谱可能受到边界效应的影响而不准确。图中黑色实线对应的是置信区域,该置信区域内的功率谱与背景噪声的差异水平在 95% 以上,表明这里的功率谱有显著增强。

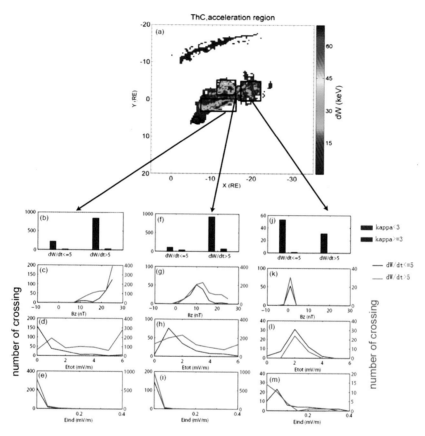

图 6-9　到达 THEMIS C 的高能粒子的加速区域和加速机制

（a）粒子连续两次穿越电流片的能量增长,（b）区域 1 中电流片的穿越次数同 kappa 的关系,左边的柱状条表示的是 dW/dt < =5 keV/s 的穿越,右边的柱状条是 dW/dt >5 keV/s 的穿越,（c）区域 1 中电流片的穿越次数与 Bz 的关系,（d）区域 1 中电流片穿越次数与总电场的关系,（e）区域 1 中电流片穿越次数与感应电场的关系。（c）（e）中黑线表示的是 dW/dt < =5keV/s 的穿越,红线表示的是 dW/dt >5keV/s 的穿越。（f）-（i）表示的参数与（b）（e）一样,不过是在区域 2 中,（j）（m）表示的参数与（b）（e）一样,不过是在区域 3 中。

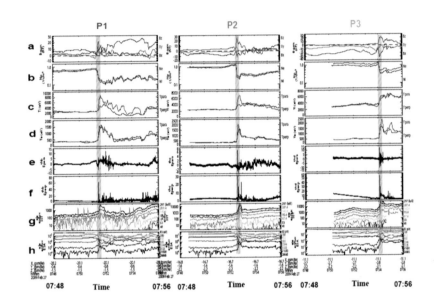

图 7-9　从左至右分别是 THEMIS P1,P2 和 P3 的总体观测图

　　从上往下依次为:(a)磁场三分量,(b)离子和电子密度,(c)离子垂直(蓝)和平行(红)温度,(d)电子垂直(蓝)和平行(红)温度,(e)垂直方向电场,(f)平行方向电场,(g)高能电子通量(SST 仪器提供),(h)热电子通量(ESA 仪器提供)

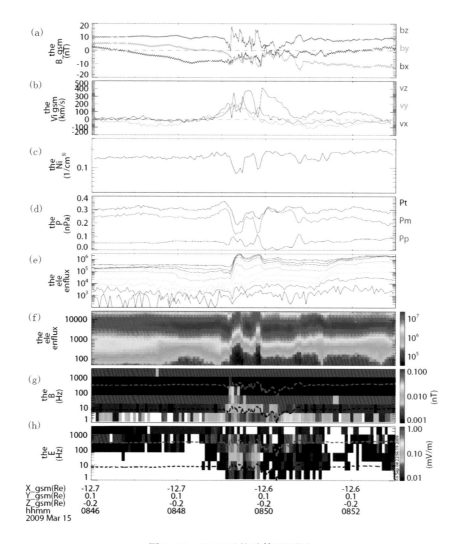

图 7-13 P1 卫星的总体观测图

从上至下依次为:(a)磁场三分量,(b)等离子体整体流,(c)离子密度,(d)磁压(蓝),等离子体热压(红)和总压力(黑),(e)和(f)分别是高能和热电子通量,(g)平均磁场扰动,(h)平均电场扰动

总　序

　　创新是一个民族进步的灵魂，也是中国未来发展的核心驱动力。研究生教育作为教育的最高层次，在培养创新人才中具有决定意义，是国家核心竞争力的重要支撑，是提升国家软实力的重要依托，也是国家综合国力和科学文化水平的重要标志。

　　武汉大学是一所崇尚学术、自由探索、追求卓越的大学。美丽的珞珈山水不仅可以诗意栖居，更可以陶冶性情、激发灵感。更为重要的是，这里名师荟萃、英才云集，一批又一批优秀学人在这里砥砺学术、传播真理、探索新知。一流的教育资源，先进的教育制度，为优秀博士学位论文的产生提供了肥沃的土壤和适宜的气候条件。

　　致力于建设高水平的研究型大学，武汉大学素来重视研究生培养，是我国首批成立有研究生院的大学之一，不仅为国家培育了一大批高层次拔尖创新人才，而且产出了一大批高水平科研成果。近年来，学校明确将"质量是生命线"和"创新是主旋律"作为指导研究生教育工作的基本方针，在稳定研究生教育规模的同时，不断推进和深化研究生教育教学改革，使学校的研究生教育质量和知名度不断提升。

　　博士研究生教育位于研究生教育的最顶端，博士研究生也是学校科学研究的重要力量。一大批优秀博士研究生，在他们学术创作最激情的时期，来到珞珈山下、东湖之滨。珞珈山的浑厚，奠定了他们学术研究的坚实基础；东湖水的灵动，激发了他们学术创新的无限灵感。在每一篇优秀博士学位论文的背后，都有博士研究生们刻苦钻研的身影，更有他们导师的辛勤汗水。年轻的学者们，犹如在海边拾贝，面对知识与真理的浩瀚海洋，他们在导师的循循善诱下，细心找寻着、收集着一片片靓丽的贝壳，最终把它们连成一串串闪闪夺目的项链。阳光下的汗水,是他们砥砺创新的注脚;面向太阳的远方,是他们奔跑的方向;导师们的悉心指点,则是他们最值得依赖的臂膀!

博士学位论文是博士生学习活动和研究工作的主要成果,也是学校研究生教育质量的凝结,具有很强的学术性、创造性、规范性和专业性。博士学位论文是一个学者特别是年轻学者踏进学术之门的标志,很多博士学位论文开辟了学术领域的新思想、新观念、新视阈和新境界。

据统计,近几年我校博士研究生所发表的高质量论文占全校高水平论文的一半以上。至今,武汉大学已经培育出18篇“全国百篇优秀博士学位论文”,还有数十篇论文获“全国百篇优秀博士学位论文提名奖”,数百篇论文被评为“湖北省优秀博士学位论文”。优秀博士结出的累累硕果,无疑应该为我们好好珍藏,装入思想的宝库,供后学者慢慢汲取其养分,吸收其精华。编辑出版优秀博士学位论文文库,即是这一工作的具体表现。这项工作既是一种文化积累,又能助推这批青年学者更快地成长,更可以为后来者提供一种可资借鉴的范式抑或努力的方向,以鼓励他们勤于学习,善于思考,勇于创新,争取产生数量更多、创新性更强的博士学位论文。

武汉大学即将迎来双甲华诞,学校编辑出版该文库,不仅仅是为武大增光添彩,更重要的是,当岁月无声地滑过120个春秋,当我们正大踏步地迈向前方时,我们有必要回首来时的路,我们有必要清晰地审视我们走过的每一个脚印。因为,铭记过去,才能开拓未来。武汉大学深厚的历史底蕴,不仅在于珞珈山的一草一木,也不仅仅在于屋檐上那一片片琉璃瓦,更在于珞珈山下的每一位学者和学生。而本文库收录的每一篇优秀博士学位论文,无疑又给珞珈山注入了新鲜的活力。不知不觉地,你看那珞珈山上的树木,仿佛又茂盛了许多!

李晓红

2013 年 10 月于武昌珞珈山

摘　要

地球磁尾是地球磁层的重要组成部分。许多发生在磁尾的爆发性现象对人类的生活有重大影响,比如磁暴产生的高能粒子能损坏近地空间的人造卫星,而电离层性质的剧烈改变能影响无线通讯。另外,磁尾还是人类研究等离子物理的天然实验室。

磁场重联是天体物理中的普遍现象。磁场重联可以在短时间内将磁能转化为粒子动能和热能,并且改变磁场的大尺度拓扑结构。在磁场重联区有丰富的波动现象,但到底是哪种波动在重联层中占主导? 这些波动仅仅是重联的副产物,还是能够触发或者调制重联? 这些都是空间和试验等离子体物理学家需要解答的问题。磁零点是重联中至关重要的一个区域,在零点磁力线断开并重新连接。揭开磁零点的详细结构、波动和粒子特征,对于理解三维磁场重联是很有意义的。高能粒子注入以及偶极化是亚暴过程的两个重要组成部分,对它们的研究,可以让我们了解亚暴过程的能量释放机制以及亚暴的触发机制。

在本博士论文里,我们结合卫星观测和数值模拟,对发生在地球磁尾的多尺度动力学过程进行了研究,主要讨论了波粒相互作用,离子和电子加速过程。以下是本文的主要成果:

1. 研究了 Cluster 卫星观测到的重联扩散区内,不同区域内不同波动的特征。

我们在重联扩散区内薄电流片附近,确认了静电和电磁模式的低混杂漂移波的存在。在卫星穿越磁分界线时,观测到了等离子体流和 Hall 磁场的反向,同时观测到了强的静电模式的低混杂漂移波。在扩散区的中心电流片内观测到了强的电磁扰动,使用多卫星干涉法对波的色散关系进行分析,发现波的模式与低混杂漂移波一致。这是首次报道在重联扩散区内观测到电磁模式的低混杂漂移波。我们估算了由该电磁波动提供的反常电阻,发现不足以提供卫星实测的电场。

我们研究了在 X 线地向侧有小导向场存在的高 β 区域观测到的低频波动模式。通过 K 滤波法得到了低频部分的波矢,发现波动是高斜向传播的。将实测的色散关系与理论色散关系做了比较,证实了 Alfven-Whistler 波在重联层的存在。

另外,在扩散区内的磁分界线上找到了一个密度耗空区,并且研究了耗空区内的波粒相互作用过程。在耗空区内存在强的反平行电流,并且里面有介于离子回旋频率和低混杂频率间的静电波动。极化分析表明该波动是线性准垂直极化的,同低混杂波的性质一致。同时还观测到了斜向传播的哨声波。电子分布有平行方向的电子束。我们讨论了耗空区内可能的波粒相互作用,以及耗空区对电子加速的作用。

2. 报道了 Cluster 卫星对扩散区内磁零点结构的局地观测,以及对应的电子动力学和波动特征。

我们在扩散区内找到了可能的螺旋零点对以及由三个零点组成的零点簇结构。发现零点及磁场 B_z 分量的双极化结构和能量至 100 keV 的高能电子通量增强之间存在着紧密联系。Cluster 四颗卫星处于三维磁场重联的不同拓扑区域内,并且其中一颗卫星离电子尺度的零点磁分离线仅 19 km。在穿越磁分离线的过程中,观测到了半宽为 4~6 个电子惯性长度的薄电流片,反平行方向电流的峰值以及能量电子通量增强,此时电子能谱最硬,幂指数约为 -3.4。在磁分离线附近还观测到了静电孤立波、哨声波和低混杂波,说明电子动力学和波粒相互作用在无碰撞磁场重联中起很重要的作用。还发现零点对之间的 fan 平面的夹角,同理论预测的由哨声波调制的重联层中,哨声波的最大群速度张角一致。

3. 开展了一系列的二维粒子模拟来研究在磁层中经常观测到的电子等离子体幅度调制波的产生机制。

发现弱电子束不稳定性可以激发调制的 Langmuir 波,而当背景磁场比较大时,垂直方向上的电场没有调制现象。观测到的垂直极

2

化的调制波,可以由弱的损失锥不稳定性激发形成。当弱电子束带有损失锥分布时,调制的波动呈现出很快的在平行极化和垂直极化之间的转换,这也解释了在重联层中观测到的这种波形的产生机制。波形短时间内极化的转变,可能是由于不同的调制波动的捕获相位不同导致的。

4. 通过 THEMIS 和 LANL 卫星观测以及大尺度动力学模拟,研究了一次亚暴注入事件。

我们通过跟踪大量粒子在全球磁流体力学模拟得到的电磁场中的运动,模拟了高能离子注入。我们的模拟可以重构出 THEMIS 和 LANL 卫星观测到的注入事件的主要现象,包括通量增加的时序和色散特性。亚暴期间粒子主要通过两个区域获得能量:一个区域是在近尾 X 线附近($X \sim -20$ RE),在该区域,粒子在强感应电场的作用下非绝热地获得能量。另一个区域是在 $X = -18$ RE 至 $X = -7$ RE 之间的若干个狭长或分立的区域。这些区域磁场较强,在该区域,粒子在强的势电场的作用下非绝热地获得能量。我们的研究表明:磁场重联和非绝热加速对亚暴注入事件中,离子能量的获得起着重要的作用。这对传统的认为粒子仅仅在偶极化区域加速,或者认为绝热加速起主导作用的观点是个重要的补充或修正。

5. 通过 THEMIS 卫星观测研究了若干个偶极化锋面对应的微观物理过程。

2008 年 2 月 15 日,THEMIS 卫星在亚暴期间近尾探测到了多个偶极化锋面。偶极化锋面都在地向传播的等离子体泡的前缘。在偶极化锋面处还有高能电子通量的增加,以及大的波动增强,波动频率从低于低混杂频率到高于电子回旋频率。偶极化锋面是尺度为离子惯性长度的薄电流片,并且对应着很强的电场,该电场主要由 Hall 电场和低混杂漂移波的电场组成。我们认为,低混杂漂移波是密度或温度梯度存在的条件下由退磁化漂移电流激发的。锋面附近还观测到了电子静电回旋波,它很可能是由电子垂直速度分布存在的正梯度激发的。以上观测到的两种波动,都有可能加速电子。在偶极化锋面观测到的这些波动,对于理解亚暴期间的电子加速以及电流片中断都有重大意义。

2009 年 2 月 27 日,四颗沿径向从 $X = -20$ RE 到 $X = -10$ RE 排列的 THEMIS 卫星观测到了一个地向传播的偶极化锋面。这个锋面也是在等离子体泡的前缘,并且是尺度为离子惯性长度的动力学结构。靠近尾部的两颗卫星(P1/P2)和靠近地球的两颗卫星(P3/P4)观测到的电子和离子分布差异较大。靠近尾部的两颗卫星都在锋面观测到了哨声波,而靠近地球的两颗卫星没有观测到。2009 年 3 月 15 日,五颗 THEMIS 卫星相继观测到了一个偶极化锋面。同 2009 年 2 月 27 日的事件相似,靠近尾部的卫星(P1/P2)观测到了哨声波,而其他的三颗卫星都没有看到。这些现象说明偶极化锋面在传播过程中,在不同区域表现出不同的特征。

关键词:磁场重联　磁零点　等离子体波动　亚暴注入　偶极化锋面

Abstract

The Earth's Magnetotail is a crucial ingredient of our magneto-
sphere. Many explosive phenomena happened in the magnetotail could
greatly influence our living on the earth, such as satellites in the near
earth region may be damaged by energetic particles produced during the
magnetosphere storm, the dramatic change of the properties of iono-
sphere may affect the wireless communication. In addition, magnetotail
is an excellent natural laboratory for us to study the plasma physics.

Magnetic reconnection is a universal process in the astrophysics,
which could transfer the magnetic energy to plasma kinetic and thermal
energy in a short time period, and also change the large scale topology of
magnetic field. There are rich wave activities in the reconnection region.
Which wave dominates the reconnection layer? Whether these waves are
just the byproduct of reconnection or they could trigger or mediate the
reconnection process? These are open questions for space and experimen-
tal plasma scientist. Magnetic null point is a crucial region of reconnec-
tion, where magnetic field lines break and reconnect. Revealing the de-
tailed structures, waves and particle dynamics around null points could
be significantly important to understand the reconnection in three dimen-
sional regime. Energetic particle injection and dipolarization are two im-
portant ingredients of substorm. Studying these phenomena could tell us
how energy releases during the substorm and how the substorm be trig-
gered.

In this thesis, by combining satellite observation and numerical
simulation, we primarily studied multi-scale kinetic processes in the

1

magnetotail, in particular the wave-particle interaction and acceleration of ions and electrons. Following are our main results:

1. We studied different wave characteristics at different regions inside one reconnection diffusion region observed by Cluster spacecraft.

We identified both electrostatic and electromagnetic modes of lower hybrid drift (LHD) wave in the reconnection region around a thin current sheet. During the crossing of the separatrix with the reversal of plasma flow and Hall magnetic fields, strong electrostatic LHD mode was observed. Strong electromagnetic fluctuations were observed in the center of the current sheet in the diffusion region. The dispersion properties of the electromagnetic wave were studied by using the interferometer method and are consistent with the properties of LHD wave. This is the first observation evidence of electromagnetic mode of LHD wave inside reconnection diffusion region. We estimated the anomalous resistivity provided by the electromagnetic mode of LHD wave, and found that it could not balance the measured electric field in the reconnection region.

We also studied low frequency wave characteristics at the earthward region of the X-line, which was a high β region with small guide field. We obtained wave vectors in low frequency range using the k-filtering method and found that waves in the diffusion region are highly oblique propagating mode. We compared the measured dispersion relation with the theoretical dispersion relation and confirm the existence of Alfven-Whistler waves in the reconnection region.

In addition, we identified a density depletion layer inside the diffusion region and examined the wave-particle interaction associated with the layer. Strong anti-parallel electric current was observed through the layer. Electrostatic wave enhancements between the ion cyclotron frequency and the lower hybrid frequency were observed. The polarization analysis shows the wave is mainly linearly and quasi perpendicularly polarized, which is consistent with the lower hybrid wave. Moreover, oblique propagating whistler wave were observed at the same time. The electron distribution shows there were strong parallel beams. The possible mechanism of wave-particle interaction and the role of density cavities in electron acceleration are discussed.

2. We show the Cluster *in situ* observation of magnetic null structures in the diffusion region, as well as the electron dynamics and associated waves.

Possible spiral null pair and null clusters formed by three nulls have been identified in the diffusion region. There is a close relation among the null points, the bipolar signature of the Z-component of magnetic field and enhancement of the flux of energetic electrons up to 100 keV. The four satellites were located in different topological domains of the 3D reconnection structure, with one being located just 19 km apart from the separator line of magnetic null structures in electron scale. On crossing of the separator line, a very thin current sheet with half-width of 4 ~ 6 electron initial scale lengths and a peak of anti-parallel current density were found, and high energetic electron enhancement was observed with the hardest energy spectrum (− 3. 4). Electrostatic solitary waves, whistler-mode waves and lower hybrid waves were identified near the separator line, indicating that electron dynamics and wave-particle interactions play an important role in collisionless reconnection. It is found that the angle between the fans of the nulls is quite close to the theoretically estimated maximum value of the group-velocity cone angle for whistler wave regime of reconnection.

3. We performed a series two dimensional Particle-In-Cell (PIC) simulations to study the possible generation mechanism of modulated electron plasma waves often observed in the magnetosphere.

It is shown that weak beam instability could generate the modulated Langmuir wave, and when the ambient magnetic field is strong, there is no modulation on the perpendicular electric field. The observed perpendicular polarized modulated waves could be generated by weak loss cone instability. When the weak beam has loss cone distribution, the modula-

3

ted waves show quick transition between parallel and perpendicular polarization, which explains the observed waveform around the reconnection layer. The quick change of polarization might be the result of trapping phase difference of different modulated waves.

4. We studied one substorm injection event by THEMIS and LANL observation, as well as large scale kinetic simulation.

We followed millions of particles in the magnetic and electric field obtained from a global MHD simulation to model the energetic ion injection. It is found that our simulation could capture the main feature of ion injection observed by both THEMIS and LANL spacecraft, including the timing and dispersion properties of energetic flux increase. It is found that there were primarily two energization regions for particles to gain energy during this substorm. One is around the near-earth X-line ($X \sim$ -20 RE), where particles were mostly accelerated in non-adiabatic motion under strong inductive electric field. The other were several stretched or localized regions between $X = -18$ RE and $X = -7$ RE, where particles were also accelerated in non-adiabatic motion but under potential electric field. Our results imply the importance of reconnection and non-adiabatic motion in the energization of ions during substorm. This is a significant supplement and revision to the previous models which either believes particles only gain energy in the dipolarization region, or adiabatic motion dominates the energization process during substorm.

5. We investigated the micro-physics associated with several dipolarization fronts observed by THEMIS observation.

On Feb 15th, 2008, multiple dipolarization fronts were observed by THEMIS spacecraft in the near Earth magnetotail during a substorm. The dipolarization fronts were located at the leading edge of earthward propagating plasma bubbles. Major energetic electron flux enhancements were observed at the dipolarization fronts, which were also associated with large wave fluctuations extending from below the lower hybrid frequency

4

to above the electron cyclotron frequency. Intense electric field wave packets, primarily contributed by the Hall electric field and LHD wave, were observed right at the front, which was a thin current layer with size of the order of the ion inertial length. The LHD wave was believed to be generated by a diamagnetic current in the presence of density and temperature gradients. Electrostatic electron cyclotron waves were detected slightly after the front. The electrostatic electron cyclotron waves were probably generated by the positive slope of the electron perpendicular velocity distribution. Both of these waves are suggested to be able to heat electrons. The observation of these waves at the dipolarization front could be important for the understanding of electron energization during substorm injection, as well as the mechanism of current disruption.

On Feb 27th, 2009, four THEMIS spacecraft, located between $X = -20$ RE and $X = -10$ RE, captured one earthward propagating dipolarization front. The dipolarization front was also located at the leading edge of plasma bubble and a kinetic structure with width on the order of ion inertial length. The ion and electron distribution varies significantly between outer (P1/P2) and inner (P3/P4) probes. Two outer spacecraft (P1/P2) detected whistler waves around the front; however, two inner spacecraft (P3/P4) did not. On Mar 15th, 2009, Five THEMIS spacecraft observed one dipolarization front one by one. Similar as the event of Feb 27th, 2009, two outer spacecraft (P1/P2) detected whistler waves around the front, while the other three spacecraft did not. Above evidence implies that dipolarization front has different characteristics in different regions during its propagation.

Key words: magnetic reconnection magnetic null point plasma wave substorm injection dipolarization front

目　录

引　言

　　地球磁层是日地物理中最重要的一个区域,而磁尾作为磁层中一个重要的组成部分,一直以来受到空间物理学家们的广泛关注。磁尾是地球磁层背阳面向后延伸的区域,其中发生的一些爆发性现象,如地磁暴,对人类生活有着重大影响。磁暴引发产生的高能粒子进入电离层后,可以极大地改变电离层特性,影响电波通讯。同时产生的高能电子可能损坏近地轨道上的卫星。磁场重联作为磁层亚暴或者磁层暴的一个可能的产生机制,受到广泛的重视。另外,磁场重联作为能量转换和释放的重要过程,对整个等离子体物理,甚至核聚变物理、天体物理的研究都至关重要。

　　欧洲太空局(简称"欧空局")于 2001 年发射的四颗 Cluster 卫星对于磁尾多尺度过程的研究提供了前所未有的机遇。Cluster 卫星的间距可以随着研究问题的需要而改变,从 200 km(小于离子惯性长度)到大于 1 RE (磁流体力学尺度)。而星载仪器提供的高时间分辨率的波动和粒子数据,则为我们研究磁尾的动力学过程提供了极大的帮助。另外,为了研究磁层亚暴,美国宇航局于 2007 年发射了 THEMIS 计划的五颗卫星,这五颗卫星位于覆盖了近中磁尾的赤道面内,而星载的高精度仪器也便于我们研究亚暴期间的动力学过程。

　　空间等离子体磁场重联的研究已经有了六十多年的历史。最早对磁场重联的研究始于对太阳耀斑的研究。此后,基于磁流体力学理论的 Sweet-Parker 模型被提出。该模型描述了磁场重联的稳态结构,但是无法解释快速的磁能释放过程。此后,Petschek 模型被提出,认为等离子体并不需要全部通过扩散区得到加速,它们可以通过由两对慢激波组成的边界层加速。进入 21 世纪后,随着卫星观测和数值模拟技术的提高,磁场重联的研究有了很大的进展。科学家们发现重联扩散区分成离子扩散区和电子扩散区两个尺度的结构,重联率跟电子扩散区内冻结条件的破坏机制无关,仅受离子动力学的控制。在扩散区内,快速磁场重联受哨声波或者是动力学 Alfven 波的调制。尽管已经在重联耗散区内找到了哨声波和动力学 Alfven 波存在的证据,但是关于这些波动在重联过程中的作用,以及怎样的条件决定哪种波起主导作用等问题,还没有得到很好的解释。

关于重联的另一个重要问题就是,重联是如何开始的,或者说在扩散区内到底是哪种机制破坏了电子的冻结条件,这个也是磁场重联的核心问题之一。早期的研究认为是反常电阻引起冻结条件的破坏,那么接下来的问题就是反常电阻是如何产生的。经过多年理论和试验的研究,科学家们认为是低混杂波在扩散区内提供了触发磁重联的反常电阻,但是最近的卫星观测表明,在重联层内,低混杂波提供的电场根本不足以平衡实测电场,这样一来,对于低混杂波在重联过程中的作用就有了疑问。另一方面,有学者通过数值模拟表明,电子扩散区内,重联电场可以由电子压力张量的非对角项提供。不过,由于对电子扩散区的卫星直接观测非常少,而且测量电子的仪器分辨率不足以获得较准确的电子压力数据,因此,对于这个问题只能留给以后的卫星计划如 MMS 来解决。不过,对于低混杂波在重联中的作用有了新的说法。数值模拟中发现低混杂漂移波可以存在于电流片的边界层,而这种波模可以极大地改变电流片的特征,如压缩电流片,导致电子分布各向异性,在边界上形成速度剪切等。这些作用要么可以提高无碰撞撕裂膜的增长率,要么可以激发更大尺度的不稳定性,改变电流片的对称性,从而触发磁场重联。以上对于低混杂漂移波在磁场重联过程中的作用,都有待于卫星观测来证实。

最近 Cluster 卫星的一个重要成果就是,在磁尾重联扩散区内找到了磁场为零的点,即磁力线断开并重新连接的点。由分离线连接的两个零点组成的零点对也随即被发现。对磁零点的局地观测对于揭开三维重联的神秘面纱有重大意义。关于零点还有许多问题没有弄清,比如螺旋形零点周围的磁力线形态是怎样的? 不同重联形态的区别,是如何在微观物理过程中表现出来的? 三维磁场重联中波动和粒子特征是怎样的,等等。这些问题都需要通过对零点的直接局地观测中获得答案。

磁层亚暴是磁层中最重要的爆发性现象之一。亚暴涉及多尺度的过程,大到整个磁层的形态,小到电子的动力学过程,因此亚暴包括了多时空尺度的等离子体过程。本文研究了亚暴期间高能粒子注入事件,以及偶极化锋面的微观物理过程。几乎对应每个亚暴都有高能粒子的注入,因此粒子注入也是确定亚暴开始的一个重要标志。关于高能粒子注入的最重要的问题是,粒子是在哪里以及以何种方式加速的。关于高能粒子注入也有若干个模型,但是说法各不一样。有的模型认为是偶极化对应的感应电场加速粒子,有的认为是导致电流中断的不稳定性可以加速粒子,还有的用绝热加速的模型来解释粒子加速。

偶极化也是亚暴最有代表性的特征之一。一般认为,越尾电流的中断可以导致偶极化现象的产生,但是越尾电流是如何中断的尚未可知。卫星观测表明:在地向高速等离子体流中,经常包含有磁场的偶极化锋面。最近的动力学模拟表明:偶极化锋面是间歇式磁场重联的产物,该锋面是动力学尺度的结构。弄清偶极化锋面的详细结构,对于理解偶极化的产生以及对亚暴过程的影响是非常必要的。

本文结合了粒子模拟、试验粒子模拟、磁流体力学模拟以及Cluster 和 THEMIS 卫星观测,对发生在地球磁尾不同区域、不同尺度的动力学过程,做了仔细的分析和研究。整篇论文的结构安排如下:

第 1 章,概述了地球磁尾的形态结构,磁层亚暴的主要过程,以及对应的主要物理现象,磁场重联的概念,触发机制和快速磁场重联等问题。最后讨论主要的几种波动,包括低混杂波/低混杂漂移波、哨声波和电子静电回旋波。

第 2 章,简单介绍了 Cluster 卫星和 THEMIS 卫星的轨道、研究目标以及星载仪器。

第 3 章,对 Cluster 卫星穿越磁场重联扩散区时观测到的波动进行了研究。在该扩散区内,薄电流片边界层以及中心电流片观测到了静电和电磁模式的低混杂漂移波。用 K 滤波法研究了 X 线地向侧有小导向场区域内的低频波动特征,并与理论色散关系做了比较。

最后,对磁分界线上的密度耗空区内的波粒相互作用进行了讨论。

第4章,对 Cluster 卫星在磁重联扩散区内探测到的多零点附近的磁场结构、波动和粒子特征进行了研究。

第5章,利用粒子模拟的手段,对在重联区内观测到的调制的高频等离子体波动的产生机制做了研究。

第6章,结合 THEMIS、LANL 卫星观测和大尺度动力学模拟,研究了一次亚暴事件中观测到的高能离子注入。

第7章,利用 THEMIS 多卫星观测,对多个偶极化锋面的微观物理过程,特别是波动特征进行了研究。

第1章　地球磁尾的主要物理过程

1.1　地球磁尾介绍

在这一节里,我们简要介绍一下地球磁尾的形态、磁场和等离子体特征。地球磁尾指的是地球磁层背阳面向后延伸的区域,是磁层中一个特别重要的区域,它的作用类似于等离子体和能量的仓库。

1.1.1　磁尾的形成

地球磁尾是地球磁场和太阳风相互作用下形成的。地球磁场本身是个对称的偶极子场,在太阳风作用下,向日侧的磁场被压缩,随太阳风过来的行星际磁场与地球磁场在磁层顶处发生磁场重联,从而使得闭合的地球磁场磁力线变成开放性质的磁力线。这种磁力线一端连接在地球上,而另一端则延伸到行星际中。这种半开放性质的磁力线,会继续冻结在太阳风中一起运动,越过地球两极到达背日面,并一直延伸到离地球很远的区域,它们形成了磁尾的尾瓣区,而原来地球磁场的闭合磁力线则构成了等离子体片区。据 ISEE-3 和 Geotail 卫星的观测,整个磁尾可以延伸至离地球至少 220 RE(RE 为地球半径)的远磁尾区。

1.1.2　磁尾的几个重要组成区域

整个地球磁层的示意图如图 1-1 所示。地球磁尾主要由两个区域组成,分别是等离子体片和尾瓣。等离子体片的位置靠近赤道面,把南北两个尾瓣区分开。这两个区域是根据磁力线的拓扑结构来划分的,等离子体片中的磁力线都是闭合磁力线,即磁力线的两端都是连接在地球上;而尾瓣区的磁力线都是半开放性的磁力线,即磁力线一端同地球相连,而另一端则延伸到行星际中。除了磁力线的拓扑结构不一样之外,这些区域的等离子性质也大不相同。

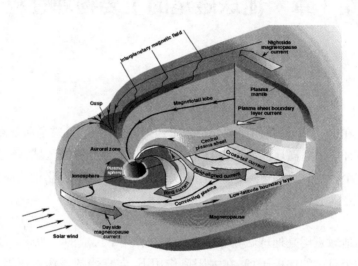

图1-1 地球磁层结构图

等离子体片由热离子和电子组成,温度约为几千电子伏,密度约为 0.1 cm^{-3},磁场强度较低,因此热压大于磁压。近尾等离子体片沿晨昏方向的尺度约为 30 RE,在远磁尾沿该方向的尺度更大。平静时南北向厚度约为几个地球半径,但是在亚暴期间可以降至离子回旋半径。由于在垂直等离子体片方向存在压力梯度,因此在等离子体片中存在晨昏方向的电流,一般称为越尾电流,因此中心等离子体片也称为电流片。越尾电流会通过背日面的磁层顶电流来形成回路。尾瓣区是由低温(<100 eV)和低密度(~0.01 cm^{-3})的等离子体组成,磁场强度很大,磁压占主导地位。有时在尾瓣区能观测到高密度的冷等离子体,该区域为等离子体幔。等离子体幔区是尾瓣和磁鞘等离子的混合区。等离子体片又分为中心等离子片和等离子体片边界层。等离子体片边界层是介于中心等离子体片和尾瓣间的区域。该边界层是介于闭合与开放磁力线的中间层,在那里经常能

6

观测到场向的离子或电子束。等离子体片的两侧同磁层顶相连的区域被称为低纬边界层。低纬边界层的粒子主要是来自太阳风和等离子体片,呈现两个区域混合的特点。

由于受到太阳风挤压和等离子体 $E \times B$ 漂移运动等因素的影响,位于南北尾瓣的磁力线不断向中间靠拢,使得等离子体片不断地变薄,直到中心电流片区,磁力线断开并重新连接,形成了 X 形状的空间拓扑结构,磁场达到最小(近似为零),称该点为中性点,X 线被称为中性线。在磁尾区域存在两条中性线:近尾中性线和远尾中性线。近尾中性线在磁尾 20~30 RE,而远磁尾中性线可以在尾部 50 RE 处甚至更远。

1.2 磁层亚暴

磁层亚暴是地球磁层中最常见的物理现象之一,其影响的区域以及所涉及的时空尺度都非常广,对人类的生活有重要的影响。由磁层亚暴或磁层暴产生的高能粒子沉降到电离层和高层大气层中,对地面的电波传播和通讯有很大的影响,甚至会使得地面电网中断工作。磁层亚暴包含磁尾能量的释放与堆积,磁层、电离层的耦合过程以及地球磁层与太阳风的相互作用。

1.2.1 亚暴对应的物理现象

整个亚暴一般分为三个过程,即增长相、膨胀相和恢复相。一般来说,在增长相阶段能量从太阳风注入并存储在磁层中,然后直到磁能的堆积到了临界值时,磁场能量在亚暴膨胀相开始时释放,并在恢复相期间回复到平静状态。下面我们来详细说明各个阶段的物理现象和特征。

1.2.1.1 亚暴增长相

亚暴增长相的开始往往伴随着行星际磁场转为南向。在持续的南向行星际磁场作用下,磁层顶发生的磁场重联让开放磁力线越过极区源源不断地往尾部堆积。该过程使得极盖区面积增大,极光椭圆区往赤道面移动,极盖区的电势差增大。另一方面,往尾部运动的磁力线在近尾的尾瓣区堆积,使得近尾尾瓣区的磁场增强。为了保持压力平衡,近尾电流片被压缩,越尾电流增强。越尾电流增强使得磁尾的磁场拓扑结构由静磁层时期的偶极化场变为拉伸状,即垂直于等离子体片的磁场分量 B_z 变小。随着电流片被压缩,等离子体片的内边界层向地球移动,相应的越尾电流增强区也向地球移动。在 X = – 10 RE 左右,出现了一个典型的磁场由尾部拉伸往偶极化状转变的转换区。增长相的持续时间同之前磁层的历史状态有关,但是一般来说为 30 min ~ 1 h。

1.2.1.2 亚暴膨胀相

一般认为最靠近赤道的增亮的极光开始分裂并向极点运动的时刻标志着膨胀相的开始。下面列举亚暴膨胀相期间发生在磁尾和极区的主要物理现象。

1.2.1.2.1 磁尾部分

(a) 爆发式整体流(BBF)

爆发式整体流是在等离子体片中观测到的很强的,瞬态和区域性的通量传输的增长。在亚暴膨胀相期间经常能观测到高速地向等离子体流,速度通常在 400 km/s 以上。Baumjohann 等人[1990] 对高速等离子体流的研究发现,这种流的发生频率大概是 10 min,主要出现在中心等离子体片和等离子体片边界层。在中心等离子体片中的等离子体流主要是垂直于磁场的等离子体对流,而在等离子体片边界层由于包含有沿磁力线的离子束,因此整体流往往是平行于磁场的 [Raj et al. , 2002]。BBF 更多的发生在子午面内,而且主要是沿地向,有时也会有沿昏侧的分量,这可能是由于压力梯度漂移引起的。

Angelopoulos 等人[1992] 发现 BBF 的持续时间一般为 10 min,但是通常有 1 min 左右的爆发,而且伴随着离子的加热和磁场的偶极化。图 1-2 是在磁尾观测到的一个典型的 BBF。Angelopoulos 等人[1996] 进一步发现,BBF 在空间上是局域性的,在 Y 方向的尺度为 2 ~ 4 RE。通过对 Cluster 多颗卫星测得的流速分布梯度的分析,也得到了同样的结果 [Nakamura et al. , 2004]。最近,Cao 等人[2006] 通过 Cluster1 四颗卫星的联合观测发现,BBF 的持续时间比

Angelopoulos 等人通过单颗卫星的观测所得到的时间要长,约为 12 min,而且几乎所有的亚暴都伴随有 BBF。

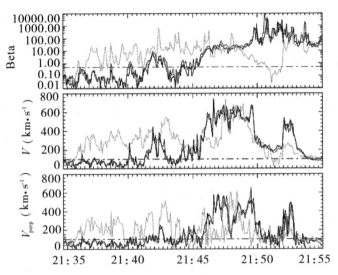

图 1-2 Cluster 卫星在磁尾观测到的爆发式等离子体流

(引自 Cao et al. , 2006)

同沿等离子片边界层的场向流不一样,这种出现在中心等离子体片的高速流可以携带大量的磁通量。BBF 大约可以携带在等离子片中的卫星观测到的 60% ~ 100% 的地向传播的质量和能量 [Angelopoulos et al. , 1994]。如果认为 BBF 在 Y 方向的尺度为 3 RE,通量传输速率为 3 mV/m,那么总的通量传输率可以到 60 kV。由于全球性的磁层通量循环所需的平均电势差约为 60 kV,因此 BBF 完全可以提供等离子体片中的通量传输 [Sharma et al. , 2008]。

一般来说,BBF 的产生以及其后的动态变化与两个过程有关:局地的磁场重联过程和等离子体泡的交换运动。这两个过程很可能协同作用:首先是磁场重联发展到尾瓣区,产生低密度的通量管,被重联的高速出流带着往地向运动。这些低密度的通量管之间的交换作用可以让它们进入到近地的闭合磁力线区。不过,BBF 不仅在亚暴膨胀相期间被观测到,在亚暴其他阶段,甚至在较为平静的磁层活动

9

期间也能观测到。因此，BBF 的起源以及对磁层亚暴的作用还有待进一步的考证。

（b）高能粒子注入

亚暴开始之后，在地球同步轨道上的卫星经常能够观测到高能粒子通量的增强，我们把这种现象称为高能粒子注入，如图 1-3 所示为在地球同步轨道上的卫星观测到的一次典型的高能粒子注入事件。不同能量的通量几乎同时增长的注入称为无色散注入，反之则称为有色散注入。McIlwain［1974］将观测到无色散注入的区域称为注入区，注入区的内边界称为注入边界。有色散注入往往是因为粒子在偶极化场中有梯度和曲率漂移，不同能量的粒子漂移速度不一样导致的。亚暴期间高能粒子的注入从 20 世纪 70 年代开始得到了广泛的研究，关于注入最重要的问题就是粒子是在何处以何种方式被加速的。我们将在第六章对这个问题展开具体的讨论。

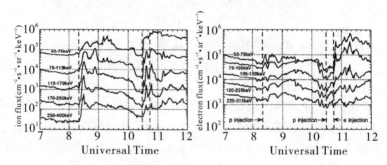

图 1-3　地球同步轨道上的 LANL1989-046 卫星在 1990 年

6 月 12 日观测到的高能粒子注入事件

左图为高能质子通量，右图为高能电子通量（引自 Birn et al. , 1997a）

（c）亚暴电流楔的形成

随着亚暴膨胀相的开始，堆积在尾瓣的磁能开始释放，此时对应的越尾电流强度减小，一般称这个过程为电流片中断［McPherron et al. , 1973］。由安培定律可知此时必然伴随磁场拓扑结构的变化，这就导致了近地出现了磁场的偶极化。越尾电流并不是凭空消失，而是通过场向电流连接到极区电离层电流系。在昏侧场向电流

10

上行,而在晨侧场向电流下行。越尾电流、场向电流和极区电激流共同构成了亚暴电流楔,如图1-4所示。

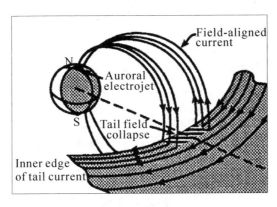

图 1-4 亚暴电流楔的组成示意图

(引自 Mcpherron et al. , 1973)

由于越尾电流转向电离层,因此直接导致了亚暴期间极区电激流的增强。关于越尾电流中断的原因有几种不同的解释,我们将在下面的亚暴模型中做介绍。

偶极化是电流片中断一个最直接的观测证据,在中断区的尾侧,B_z 减小;在中断区中,B_x 减小;在中断区地向侧,B_z 增大,如图1-5所示。实际上,偶极化并不一定是由电流中断引起的,如地向传播的偶极化锋面实际上对应着很强的越尾电流。我们将在第七章对偶极化做更加详细的介绍。

(d) 中磁尾出现尾向传播的等离子体团

随着磁场重联发展到尾瓣区,在中远磁尾可以观测到等离子体团或者磁通量绳。卫星穿越等离子体团的最显著特征,是磁场 B_z 分量呈现双极结构。由于等离子团都是尾向传播,因此双极结构是先正后负。穿越等离子体团的中心,有时还能看到增强的 B_y 分量,说明此时的等离子团演化成了磁通量绳的结构。等离子团经过时,会使得当地的等离子体片变厚,压缩周围尾瓣区磁场,造成尾瓣区磁场增强,形成所谓的运动压缩区 (TCR)。

11

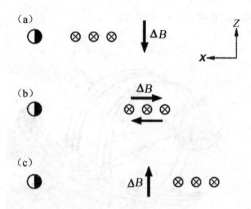

图 1-5　电流中断区的尾向运动对磁场的影响
（引自 Ohtani 和 Raeder,2004）

1.2.1.2.2　电离层部分

（e）AE 指数增加,高纬地磁台站观测到 **H** 分量的负弯扰

判断亚暴的一个重要指标就是极区电激流指数（AE index）,该指数标志着极区电激流的大小。在高纬的地磁台站,由于受到突然增强的极区电激流的影响,磁场的 **H** 分量（水平分量）会突然降低,这就是我们所说的负弯扰。AE 指数实际上就是高纬的一圈地磁台站测到的磁场水平分量的包络大小。

（f）Pi2 脉动

亚暴开始时地磁台站记录的磁场数据有 40 ~ 150 s 频率范围内的扰动,称为 Pi2 脉动。许多研究表明在亚暴开始后 1 ~ 3 min 内,不同经度和纬度的台站都能探测到 Pi2 脉动。因此,Pi2 也常被用来推测亚暴膨胀相的开始。而且相对于 AE 指数来说,Pi2 开始的时间比较好确定。由于 Pi2 脉动一般是在背日面被观测到,而且每个亚暴几乎又对应着 Pi2 脉动,因此,一般认为 Pi2 的产生源在近尾。

（g）极光增亮区往西向和极向运动

亚暴开始后,一个纬向宽度为数十千米的分立极光弧会突然增亮,它通常位于弥散极光的赤道一侧,这些极光通常是由高能电子(1 keV)沉降激发的。极光突然增亮区对应于磁尾闭合磁力线区域,而且很有可能比较接近等离子体片的内边界。紧接着极光增亮的就是西行涌浪(WTS)的形成。西行涌浪就是极光活跃区的西边界,该活跃区一般向西和向极区膨胀。在膨胀相期间可能会出现若干个向西和向极区方向膨胀的活跃区。在此过程中,极光椭圆区向极区运动,极盖区面积缩小。

1.2.1.3 亚暴恢复相

亚暴膨胀相的结束和恢复相的开始并没有明显的区分,事实上,关于恢复相的研究并不多,对它的物理现象了解得也不是很清楚。对于一个孤立亚暴来说,恢复相使得磁层恢复到平静态。电离层的恢复相阶段持续好几个小时。这时极光的亮度开始衰减,而尺度在延伸到最靠近极点的位置后也开始缩小。这个阶段极光最活跃的区域在晨侧。如果是孤立亚暴的话,地磁场的扰动在到达峰值之后也开始回落到初始值。磁尾的恢复相也持续若干个小时。此时亚暴电流楔的电流开始降低,越尾电流开始逐渐恢复,磁场的偶极化慢慢向尾部推进。在地球同步轨道上的卫星观测到注入粒子沿赤道漂移所引起的回声。中磁尾的恢复阶段则快很多,一般只需要几十分钟。中磁尾的等离子片迅速膨胀到亚暴期间的几倍厚度。

1.2.2 亚暴产生机制的物理模型

关于亚暴产生机制的问题,是整个亚暴研究中最具争议性的课题,有多个富有争议性的模型提出,包括有近地中性线模型、近地电流中断模型、磁层电离层耦合模型、行星际磁场北向触发模型等。由于本文并不讨论亚暴触发的机制问题,因此以下仅简要讲述亚暴产生的两个最主流的物理模型。

1.2.2.1 近地中性线模型 (Near Earth Neutral Line model)

近地中性线模型是最早提出的解释亚暴触发机制的模型。该模型认为,在持续南向太阳风作用下,磁层顶发生的磁场重联使得顶部的磁通量往尾部堆积,导致尾瓣区的磁压力增大并压缩越尾电流片,

13

直到电流片的厚度小到足以引发撕裂膜不稳定性,最终在近尾发生磁场重联,导致电流片中断。由重联产生的高能电子会沿着磁力线直接注入到极区,引发极光亚暴。但是在 20 世纪八九十年代,该模型受到广泛的质疑,因为如果电流片中断的位置和磁场重联的位置正好对应的话,那么极光增亮区域对应的磁力线也应该映射到尾部的重联区域,而根据各种不同的地球磁场模型算出的映射点都在近地区域,即 -10 RE 左右。但是卫星观测表明,在该区域发现磁场重联的几率很低,磁场重联更多的是发生在 -20 RE 左右的地方,而连接极光增亮区域的磁力线很难映射到那么远的地方。由于 BBF 的发现,NENL 模型得到了改进。1997 年,Shiokawa 等人 [1997] 提出了越尾电流中断的新机制。他们认为磁场重联和电流片中断是发生在两个不同的区域的,但是电流片中断还是由于磁场重联引起的。改进的模型认为:首先是在 -20 RE 附近发生了磁场重联,磁场重联产生的高速等离子体流携带大量的磁通量向地球运动,由于地球附近的磁压和热压较大,因此等离子体流在地向运动过程中会减速。根据 MHD 动量方程,高速流的减速过程会自发地引起一个昏晨向的惯性电流,该电流的方向正好和越尾电流是相反的,因此使得越尾电流中断。

1.2.2.2　近地电流中断模型 (Near Earth Current Disruption model)

近地电流中断模型最早是由 Lui 在 1991 年提出,并在此后得到发展 [Lui et al. , 1991;Lui, 1996]。该模型认为,亚暴的开始是由近尾的电流片不稳定性引发的,电流片不稳定性导致越尾电流的中断,并通过场向电流连接到电离层,从而导致极光亚暴和极区电激流的增强。然后,在电流中断区域会有稀疏波向尾部传输,进一步压缩电流片,从而在中磁尾引发磁场重联(图 1-6)。该模型同 NENL 模型最大的区别在于时序上是完全相反的。NENL 模型认为是先有中磁尾的磁场重联,然后再有近尾的电流片中断,最后是极光亚暴。而NECD 模型认为是先有近尾的电流片中断,然后是极光亚暴,最后是中磁尾的磁场重联。目前,关于这两个模型的争论还在持续中。

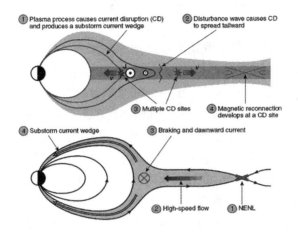

图 1-6　两个相互竞争的亚暴模型的简单卡通示意图
（引自 Lui, 2007）

1.3　磁场重联

磁场重联是空间以及试验等离子体中最重要的物理现象之一，它被认为是许多爆发性现象的驱动机制，包括太阳耀斑、磁层亚暴以及核聚变实验中的中断等。空间等离子体中的磁场重联是能量释放和传输的一个非常重要的机制，可以将大量的磁能在短时间内转化为等离子体动能和热能。对于磁场重联的研究，不仅可以帮助我们了解等离子体中能量释放和转换的过程，也让我们更好地了解如太阳耀斑等天体物理中常见现象的本质。

1.3.1　磁场重联的基本概念

对磁场重联的研究已经有五十多年的历史，对它的定义也有许许多多。最早的磁场重联概念与太阳耀斑中的粒子加速有关。Geovanelli［1946］提出，耀斑辐射可能是由太阳黑子磁场中性点附近的感应电场所加速的高能电子产生的。随后，Parker［1957］将最原始的磁场重联概念加以推广，并从磁流体力学方程出发定量地描

15

述了磁场重联。Dungey［1961］将磁场重联的概念用到行星际磁场和地球磁场的相互作用中,设想磁场重联发生在二维平面内,并且是准稳态的,他所描绘的地球磁层磁场重联拓扑结构如图1-7所示。在这种假设下,磁场重联定义成磁通量穿越两个完全不同拓扑结构区域的过程。Dungey的模型虽然仅仅从拓扑学层面上描述了磁场重联,但是却简单地描绘出了当磁场重联分别在磁层顶和远磁尾的两个点进行时,磁层的内部对流过程。在此基础上,Petschek［1964］假设磁场重联是由一个局域的电阻触发的,这样一来,重联率比之前Sweet-Parker模型给出的值要大得多,使得磁场重联能够快速地实现空间拓扑结构的转变和能量的转化。此后,随着卫星观测,数值模拟以及试验等离子体对磁场重联的进一步研究,磁场重联的概念也在不断更新和修正。下面,我们根据近几十年对磁场重联的研究,列出磁场重联的一些最基本特征:

1. 有穿越磁分界面(分隔不同拓扑结构磁力线的面)的等离子体流动。

2. 有磁能向等离子体动能或热能的转换。

3. 理想MHD条件在局部区域内被破坏,该区域在入流区方向的大小约为1个离子惯性长度。

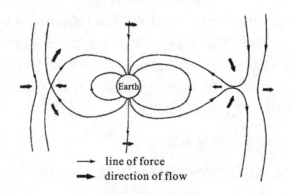

图1-7　地球磁层磁场重联的简单二维示意图

(引自 Dungey,1961)

1.3.2 空间等离子体中的磁场重联观测

磁场重联在空间等离子体中被广泛观测到,而且在各自不同的区域中扮演着非常重要的角色。由于对太阳或者其他宇宙星体的局地观测是不可能的,因此对地球磁层磁场重联的局地观测显得尤为珍贵,使得磁场重联的细节能够全面地展现。在地球磁尾,磁场重联被认为是驱动磁层亚暴的可能机制之一,关于该模型的具体内容已在1.3.1小节详述过,这里不继续讨论。一般认为,地球磁尾中有两个重要的重联区域,一个是近磁尾(−15 ~ −25 RE),另外一个就是中远磁尾(−40 ~ −150 RE)。对于近中磁尾的磁场重联局地探测,Cluster 卫星和 Geotail 卫星已经做了广泛的研究 [Nagai et al. , 1998;Runov et al. ,2003;Borg et al. , 2005;Eastwood et al. , 2006]。而在远磁尾,Wind 卫星和 Geotail 也有相关的研究成果[Øieroset, 2001]。

在地球磁层顶,由于太阳风携带了大量行星际磁场靠近地球,在磁层顶部,行星际磁场和地球磁场相互作用发生磁场重联。磁场重联使得地球磁场的磁力线由闭合变为开放,可以让大量的太阳风粒子进入地球磁层。因此,磁层顶的磁场重联也被认为是地球磁层和太阳风交换粒子成分的一个重要途径。一般认为,在南向行星际条件下,磁场重联发生在低纬;而在北向行星际条件下,重联发生在高纬,甚至是极尖区的尾侧。

另外,Gosling 等人 [2005] 用 ACE 卫星在太阳风中观测到了磁场重联。ACE 卫星探测到了重联产生的具有 Petschek 形态的高速流,流的上下边界则是类似于驻 Alfven 波或者旋转间断面的电流片。他们还发现磁场重联在太阳风中是很常见的。Phan 等人通过分析多颗卫星数据发现了太阳风中长达 390 RE 的 X 线 [Phan et al. , 2006]。最近,Phan 等人找到了磁鞘中磁场重联的证据,他们认为磁场重联是在磁鞘中触发的 [Phan et al. , 2007a]。

1.3.3 磁场重联的触发机制

关于磁场重联,第一个想到的问题就是:重联是怎么样开始的,或者说重联是如何被触发的？本小节我们将回顾对这个问题的一些研究情况。

前文中我们提到，磁场重联很重要的特征之一是等离子体和磁力线解耦，即理想欧姆定律被破坏，$E + V \times B \neq 0$。在最初的 Petschek 模型里，为了破坏冻结条件，必须加入局域性的电阻项。由于空间等离子体是无碰撞的，所以由正常粒子碰撞引起的电阻几乎是可以忽略不计的。因此在空间等离子体磁场重联中的电阻是反常电阻，即由于波动或者湍动引起的反常电阻。由于低混杂频率范围的波动在重联层被经常观测到，因此低混杂波被认为是驱动重联，提供反常电阻的可能波动之一〔Cattell and Mozer, 1986；Labelle and Treumann, 1988〕。数值模拟也表明低混杂漂移波能够提供足够大的重联电场〔Silin et al., 2005〕。但是最近的重联层的局地卫星观测表明，低混杂波提供的反常电阻不能够平衡在重联区观测到的重联电场〔Bale et al., 2002；Eastwood et al., 2009；Zhou et al., 2009〕。Drake 等人〔2003〕通过三维全粒子模拟发现，在 X 线附近沿平行磁力线加速的电子可以激发电子束不稳定性，从而产生静电孤立波，而静电孤立波相关的强湍动电场可以提供较强的反常电阻（图 1-8）。尽管静电孤立波在重联区被观测到〔Matsumoto et al., 2003；Cattell et al., 2005〕，不过没有直接的证据表明它能提供足够的反常电阻。

由于反常电阻的作用问题存在较大争议，因此部分学者提出，低混杂漂移波触发磁场重联不一定是通过提供反常电阻来完成的。他们认为在电流片变薄的过程中，在电流片的边界由于相对漂移，以及密度梯度的存在激发了低混杂漂移波。低混杂漂移波可以进一步压缩电流片，并导致电子的各项异性〔Daughton et al., 2004〕，这些作用都可以提高撕裂膜的增长率〔Lapenta et al., 2003〕。另外，当低混杂漂移波发展到非线性阶段时，有可能激发一些波长更长的不稳定性，比如 KH 不稳定性、扭曲不稳定性，这些不稳定性会极大地改变电流片的结构，使得重联得以快速开始〔Daughton et al., 2002；Lapenta et al., 2003〕。关于沿电流片方向传播的波动对磁场重联驱动的作用，还有待于进一步的研究。

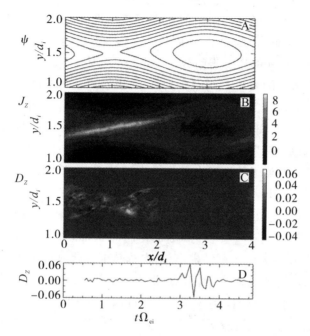

图 1-8 三维全粒子模拟表明，在重联 X 线附近存在较大的
反常电阻（引自 Drake et al., 2003）

最近的磁场重联实验中观测到了强度与重联率成正相关的电磁
波动，该波动频率在低混杂频率以下 [Ji et al., 2004]。这种波动的
性质满足修正双流不稳定性，而不是低混杂漂移不稳定性。另外，也
有观测证据表明，在磁场重联开始前有较弱的哨声波，而在磁场重联
开始之后，哨声波的强度突然增强，似乎意味着哨声波和重联的触发
有一定联系 [Wei et al., 2007]。

1.3.4 快速磁场重联

困扰磁场重联研究者很长时间的一个问题就是磁能的释放速率
问题。描述稳态磁重联位形的 Sweet-Parker 模型预测的重联率非常
之低，无法解释发生在空间等离子体中快速的能量释放过程。此后
Petschek 模型创造性地提出等离子体不需要全部通过扩散区来加

速,大部分粒子可以通过沿磁分离线的慢激波被加速,这样一来重联率就得到极大的提高。但是问题在于该模型不能存在于高 β 的等离子体中,除非人为地在 X 线附近加上很强的电阻。

随着对重联的进一步研究,人们逐渐意识到重联扩散区应该根据电子和离子的质量不同而分为两个区域:离子扩散区和电子扩散区。在入流区,电子和离子一起运动,然后离子首先在离子扩散区内同磁力线解耦,而电子由于惯性长度较小则继续束缚在磁力线继续向 X 线运动,直到在电子扩散区内同磁力线最终解耦。电子和离子的分离使得在离子扩散区内有 Hall 电流的产生,并导致垂直于重联平面的 Hall 四极场 [Sonnerup et al. , 1978]。电子和离子运动的分离,极大地修正了传统的重联扩散区结构,也加快了对快速磁场重联的研究。2001 年,一项名为 Geospace Environment Modeling Reconnection Challenge 的计划被提出,旨在构建出快速磁场重联所需要的最基本物理模型。该计划集中了世界上最优秀的空间等离子体数值模拟专家,用不同的模型来模拟磁场重联,包括有阻磁流体力学、Hall 磁流体力学、混合粒子以及全粒子模拟等手段。结果发现,除有阻磁流体力学模拟之外,其他的模拟都能实现快速磁场重联,如图 1-9所示。

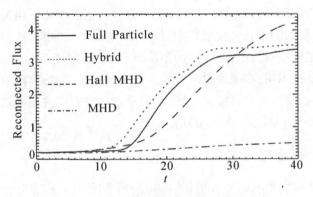

图 1-9　不同的数值模拟模型得到的重联率

(引自 Birn et al. , 2001)

该计划得到的主要的结论是:快速磁场重联的最基本物理模型就是包含有 Hall 效应的模型,重联率同破坏电子冻结条件的机制无关,即重联率只同离子动力学有关 [Birn et al. , 2001; Pritchett, 2001]。图 1-10 是快速磁场重联的二维结构示意图。由于 Hall 效应,不仅在离子扩散区存在四级磁场,在垂直电流片方向还有指向中性片的 Hall 电场。另外,在磁分界线上由于 Hall 效应产生的高磁压导致了低密度区的出现 [Shay et al. , 2001],该区域内有强的波动和波粒相互作用[Retino et al. , 2005]。Hall 效应在磁场重联耗散区内的存在被卫星观测所广泛证实 [Orieoset et al. , 2001; Deng and Mastumoto, 2001; Runov et al. , 2003; Vaivads et al. , 2004; Borg et al. , 2005]。图 1-11 是 Wind 卫星在磁尾 60 RE 处穿越重联扩散区的观测图。

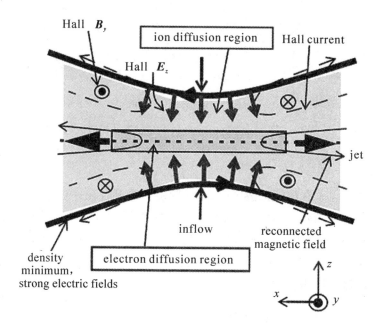

图 1-10　快速磁场重联的二维结构图

(引自 Borg et al. , 2005)

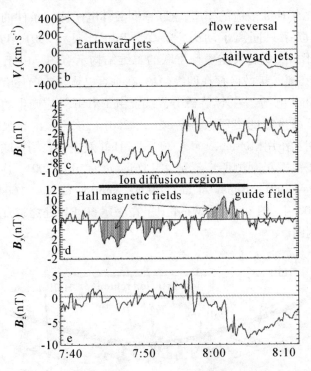

图 1-11　Wind 卫星在磁尾 60RE 处局地穿越重联扩散区的观测图

（引自 Øieroset et al.，2001）

由于电子在离子扩散区内，还是同磁力线耦合在一起，电子的运动仍然满足流体方程，通过推导发现电子的运动方程满足哨声波的色散关系，表明快速磁场重联可能受哨声波调制。Deng 和 Mastumo-to［2001］通过 Geotail 卫星穿越磁层顶重联区的观测，证实了在重联扩散区内哨声波的存在。

1.3.5　电子扩散区结构

关于磁重联另一个重要的问题是：电子到底是如何同磁力线解耦的。上面已经提过，电子的冻结条件破坏意味着电子的理想欧姆定律方程不再成立，电场必须由广义欧姆定律中的其他项来平衡。

$$\hat{E} + \hat{v}_i \times \hat{B} = \frac{\hat{j} \times \hat{B}}{ne} - \frac{1}{ne} \nabla \cdot \hat{P}_e + \frac{m_e}{ne^2} \frac{\partial \hat{j}}{\partial t} + \eta \hat{j}$$

　　广义欧姆定律是从双流体力学动量方程推导出来的。上式中右边第一项是 Hall 项,第二项是电子压力梯度项,第三项是电子惯性项,最后是电阻项。在大尺度情况下,右边的所有项都可忽略,只有当尺度小到离子或电子惯性尺度时才起作用。

　　数值模拟表明,在 X 线附近,重联电场主要是由电子压力的非对角项来平衡的,不过该结论目前并未被卫星观测所证实〔Hesse et al.,1999；Pritchett,2001〕。由于电子扩散区尺度非常小,因此对于电子扩散区细节的观测需要由以后的卫星计划,诸如 MMS 来实现。但是,最新的数值模拟和观测证据表明,电子扩散区并不是像之前认为的在出流方向只有几个电子惯性尺度的长度,而是可以延伸几十个离子惯性长度。电子扩散区不会无限制的延伸,它们会断开形成磁岛,而重联率则会因为磁岛的产生而受到调制〔Daughton et al.,2006；Karimabadi et al.,2007〕。不过 Shay 等人〔2007〕用大尺度的周期边界条件的模拟表明,重联率不受电子扩散区的拉伸和磁岛的形成的影响,仍然可以保持快速重联(图1-12)。沿出流区延伸至很远的电子扩散区最近在磁鞘中被卫星观测所证实〔Phan et al.,2007〕,不过电子扩散区的尺度是否会影响重联率的争议还在继续。

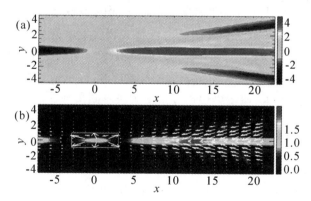

图1-12　全粒子模拟得到的磁场重联电子扩散区示意图
(引自 Shay et al.,2007)

1.3.6　不同的重联模式

磁场重联在不同的区域,不同的条件下其表现形式是不一样的,
这一节将简单讨论下磁场重联的几种模式。

1.3.6.1　稳态与间歇式重联

稳态重联是指重联率在重联开始之后稳定,变化不大,而间歇式
重联是指重联是爆发式的,在开始一段时间后可能停止一阵又继续
的过程,重联率变化很大。这两种模式都被认为是磁重联可能进行
的方式,而且在地球磁层都被观测到过。在磁层顶经常观测到的通
量传输事件 (FTE) 被认为是瞬态重联的产物。不过最近也有不少
关于磁层顶部准稳态重联的报道。Frey 等人 [2003] 对向阳侧电离
层极光的观测,发现由质子沉降产生的极光斑点可以持续好几个小
时,说明在高纬发生的磁场重联是持续进行的。另外,Cluster 卫星
在几个小时内数次穿越磁层顶电流片过程中,持续观测到了重联产
生的高速流,也说明重联是持续进行的[Phan et al. , 2004;Retino
et al. , 2005]。

1.3.6.2　反平行重联和分量重联

反平行重联指的是,重联的两条磁力线的夹角是 180°,即在垂
直于重联平面上没有主磁场分量。而分量重联指的是,重联的两条
磁力线夹角小于 180°,有垂直于重联平面的主磁场存在,这种重联
也称有导向场的重联。导向场可以很大程度上改变重联层的特征,
包括重联率、重联区域结构等。数值模拟表明,在很大的导向场情况
下,重联率会降低 [Pritchett et al. , 2005;Ricci et al. , 2004]。而在
有导向场情况下,快速磁场重联可能不再受哨声波调制,而受动力学
Alfven 波控制 [Roger et al. , 2001]。另外,重联扩散区内的四极
Hall 磁场结构、电场结构以及密度分布都同无导向场时不同,具体的
讨论可参考文献 [Pritchett et al. , 2005]。反平行重联和分量重联
的区别是在磁层顶尤为重要,由于在不同经度和纬度太阳风磁场和
地球磁场的角度变化很大,所以到底是哪种重联占主导地位一直是
未解之谜。最近在磁层顶的统计观测表明,在行星际磁场主要沿晨

昏方向时,既有反平行重联又有分量重联〔Pu et al.,2007〕。

1.3.6.3　单 X 线重联和多 X 线重联

　　关于 X 线的尺度以及数量也是重联的未解之谜之一。之前大多数关于磁重联的研究都是基于单 X 线的假设。不过越来越多的研究表明,重联位形可能是由多个 X 线组成的,而多 X 线理论被用来解释磁层中的许多物理现象。比如 Fu 等人就用多 X 线理论解释磁层顶的磁通量传输事件(FTE)。最近提出的用来解释高能电子加速的多磁岛理论实际上也是多 X 线模型〔Drake et al.,2006a;Drake et al.,2006b〕。最近的数值模拟,使用开放式边界条件和大尺度的模拟区域,也发现了多磁岛的产生〔Daughton et al.,2006〕。多 X 线重联也在地球磁层被观测到〔Deng et al.,2004;Eastwood et al.,2006〕(图1-13)。

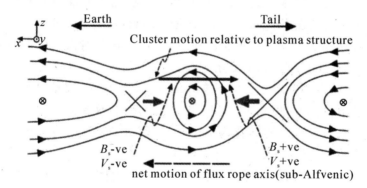

图 1-13　多重 X 线重联产生的磁岛

(引自 Eastwood et al.,2005)

　　以上提到的数值模拟都是二维情况,并没有考虑沿电流方向 X 线的尺度。三维双流体力学模拟表明,在沿电流方向也有多个 X 线的存在,即 X 线沿电流方向的延伸尺度是有限的〔Shay et al.,2003〕。不过 Phan 等人在太阳风内发现了长达 390 RE 的 X 线〔Phan et al.,2006〕。

1.3.7　磁场重联产生的高能电子

磁场重联一个重要的产物就是高能粒子,我们这里主要讨论电子。Øieroset 等人［2002］首次在重联扩散区内观测到了 300 keV 以上的高能电子,并且发现高能电子的能谱在扩散区内是最硬的,即电子能谱线的斜率最大。这些高能电子速度分布呈现出各向同性。数值模拟对电子在重联区内的加速做了详细的讨论和分析,普遍认为电子在 X 线附近由于退磁化的原因可以被重联感应电场所加速。但光是重联加速的话不能解释观测到的所有现象,如为什么电子呈各向同性分布等等。因此一些其他的加速机制也相继出炉。

Hoshino 等人［2001］认为,在出流区由于磁通量的堆积,电子的梯度和曲率漂移方向和感应电场方向相反,所以电子可以在该方向上被直接加速。此后,卫星观测证实在磁通量堆积区确实存在电子通量增强［Imada et al. , 2005 ; Imada et al. , 2006］。而部分学者认为在有导向场的情况下,电子可以在一对低密度的磁分界线上被加速,因为在该分界线内有平行电场［Drake et al. , 2005 ; Pritchett, 2006］。接下来 Drake 等人［2006］又提出了一个新的模型,认为重联过程中可以产生多个磁岛,这些磁岛的收缩作用可以有效地把磁能转化为电子动能,而电子通过磁分离线时速度会被散射,导致速度分布趋于各向同性(图 1 -14)。最近,通过 Cluster 卫星的观测,发现了高能电子和磁岛之间一一对应的关系［Chen et al. , 2007］。Retino 等人［2008］也发现磁岛和高能电子的产生确实存在相关。但是 Pritchett 通过模拟［2008］发现多个磁岛并不能有效加速电子。另外,磁场重联过程中也经常观测到高能场向电子束,这些电子束的产生也没有得到很好的解释。Deng 等人［2009］发现高能电子通量的增强和磁零点也有较好的一一对应关系。还有理论表明,重联过程中的低混杂波可以有效加速电子,并且可以较好地解释观测得到的电子能谱［Cairns and Mcmillan, 2005 ; Shinohara and Hoshino, 1999］。

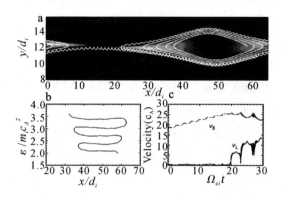

图 1-14　电子在重联过程中通过磁岛获得能量的过程

（引自文献 Drake et al. , 2006）

1.4　等离子体波动

由于本文大部分工作都是对波动的研究,因此本节将对本文中主要涉及的几种等离子体动力学波动做较详细的介绍。

1.4.1　低混杂(LH)波/低混杂漂移(LHD)波

低混杂波是空间等离子体中一种非常重要的波动,因为低混杂波对应的低混杂频率是等离子体的特征共振频率之一。低混杂波的基本特征是:频率在低混杂频率附近;一般来说是静电波;波动传播方向准垂直于磁场。低混杂波实际上是离子 Bernstein 模的一个分支。

低混杂波的产生机制有很多种,比如:平行磁场的电子束,低混杂漂移不稳定性,修正双流不稳定性等等,我们这里将重点描述一下低混杂漂移不稳定性。漂移不稳定性被认为是最普遍的不稳定性之一,因为空间等离子体中几乎处处都存在着密度、温度或者磁场的不均匀性,而这些物理量的梯度可以导致漂移波的产生。

低混杂漂移不稳定性,是退磁化电流在密度不均匀的情况下引起的一种微观不稳定性。该不稳定性在 $k\rho ce \sim 1$ 时增长率最大 [Davidson et al. , 1977]。相对于传统意义上的低混杂波,低混杂漂移波的频率范围则相对较广,从大于离子回旋频率到接近低混杂频率,因此低混杂漂移波是宽频波动。严格来说,低混杂漂移波是电磁波,但是当波矢与磁场夹角非常大时,低混杂漂移波的磁场扰动分量相对很小,因此在这种情况下波动变为准静电波的形式。在大传播角情况下,低混杂漂移波可以转化成哨声波,此时的哨声波是静电哨声 [Treumann and Baumjohann, 1997]。

低混杂波最早在空间等离子体中引起人们的关注,是因为它能提供可观的反常电阻。我们知道,在磁场重联的研究中,反常电阻被认为是触发重联的一个重要因素。部分模拟表明,由低混杂漂移波提供的反常电阻能够平衡重联电场 [Silin et al., 2005]。除了提供反常电阻外,低混杂漂移波在触发重联中也起着重要作用。数值模拟表明,小波长的低混杂漂移不稳定性在磁场重联发生之前,会在电流片的边界层增长起来,然后会对电流片的特性做一系列的改变,主要包括:压缩电流片,导致电子各向异性从而提高撕裂膜的增长率等 [Daughton et al., 2002, 2004; Lapenta et al., 2003; Scholer et al., 2003; Ricci et al., 2003]。

Shinohara 等人 [1998] 在亚暴触发时间附近,在电流片区域观测到了电磁模式的低混杂波。Bale 等人 [2002] 在磁层顶重联惯性区电流片边界观测到低混杂漂移不稳定性,发现该不稳定性只存在于边界层,在电流片里高 β 区不稳定性消失。Vaivads 等人 [2004] 在磁层顶边界层密度梯度区也观测了低混杂漂移波,并认为该波动能提供较大的输运系数,但是波动的作用仅仅局限于较小的区域内。Zhou 等人 [2009] 在磁场重联扩散区内观测到了静电的和电磁的低混杂漂移波。静电波存在于磁分形线上,而电磁波则是首次在重联扩散区的电流片内被观测到。他们估算了该电磁波提供的反常电阻,发现由反常电阻提供的电场远大于 Bale 等人在磁层顶估算的数值,但是小于 Vlasov 模拟得到的结果。

此外,低混杂波以及低混杂漂移波都可能对电子加速起作用。Shinohara 等人 [1999] 发现低混杂漂移波能平行加速电子,使电子分布呈现平顶状。Cairns 和 Macmillan [2005] 通过理论推导也认为低混杂波能在磁场重联过程中有效地加速电子,对电子加速起很大作用。

1.4.2　哨声波

哨声波也是等离子中的一个本征波动模式。哨声波的一个最显著特点就是:波的相速度同频率成正比,这也是哨声波名字的来源,因为往往是高频的部分先被接收机接收到,所以接收到的信号是类似哨声般的降调。哨声波的色散关系一般满足:$\omega \sim k^2$。严格来说,哨声波又分为电子哨声和离子哨声,它们都是电磁波。电子哨声波是右旋极化,极化方向同电子绕磁力线的旋转方向一致;而离子哨声波的极化方向同电子哨声波相反,是左旋极化的。我们通常所说的哨声波都是指电子哨声。前文中也提到,当哨声波的传播方向与磁场夹角很大时,电磁模式的哨声波会退化成静电模式。

哨声波的产生机制主要有:场向电子束不稳定性,电子温度各向异性不稳定性($T_\perp > T_\parallel$)。哨声波在地球磁层的多个区域被观测到,图 1-15 是 Geotail 卫星在磁尾观测到的哨声波的示意图。哨声波在磁场重联区尤其重要。Mandt 等人[1994]发现,在磁场重联的离子扩散区内,离子运动同磁力线解耦,而电子则继续同磁力线耦合着一起运动,这样电子的运动可用流体力学描述。他们发现电子的运动满足哨声波的色散关系。而哨声波特殊的色散性,使得磁场重联率跟电子动力学无关。这样一来,快速磁场重联只跟离子动力学过程有关。而由于离子耗散区的尺度较大,因此快速磁场重联得以实现。另外,由于哨声波的能量能传输较远的距离而不衰减,因此哨声波也通常被用来遥测磁重联的位置。

除此之外,哨声波还在中远磁尾、磁层顶、辐射带等区域被观测到。在辐射带里,哨声波是以和声的形式出现的。和声经常在两个频段出现,一个频段在 0.5 个电子回旋频率以下,而另一个则在 0.5 个电子回旋频率以上。最近,对辐射带中哨声波的研究越来越受重视,因为哨声波被认为对高能电子的加速和损失起重要作用。

1.4.3　电子静电回旋波

电子静电回旋波是电子 Bernstein 模。这种波在大于电子回旋频率以上存在多个分支,因此又被称为电子回旋谐振波,其中一个分

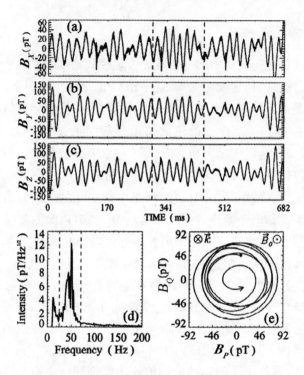

图 1-15　Geotail 卫星在磁尾观测到的哨声波

（引自 Zhang et al. , 1999）

支称为高混杂波,因为高混杂频率是该分支的共振频率。电子静电回旋波的产生机制主要是电子垂直速度分布函数上存在正的梯度,即环不稳定性或者是损失锥不稳定性。

　　在磁场重联层的磁分界线上曾观测到过高混杂波［Farrell et al. , 2002］。Farrell 等人［2003］分析了观测到高混杂波时的电子分布,发现存在平行电子束和橄榄球分布（$T_{||} > T_{\perp}$）。他们通过线性分析,发现这样的电子分布可以激发高混杂波。他们认为平行电子束是重联区 Hall 电流环路的一部分,因此高混杂波可能对电流能量的耗散起一定作用。另外,高混杂波能够随机地加速非共振电子。在近尾观测到的电子静电回旋波则经常同电子沉降联系在一起。因为准线性理论表明,电子静电回旋波具有将电子扩散至损失锥中的能力,因此可能对电子的沉降有很大影响。

第2章 卫星仪器及观测方法

2.1 Cluster-Ⅱ卫星

Cluster-Ⅱ星簇是欧空局(ESA)研制的用来研究地球磁层小尺度和三维结构的卫星。Cluster-Ⅱ星簇由四颗卫星组成,每颗卫星上都携带相同的探测仪器。该卫星分别于2000年7月15日和8月9日,由俄罗斯"联盟"火箭分两次发射升空。Cluster-Ⅱ的卫星轨道是:近地点是4 Re,远地点是19.6 Re,倾角是90°。在进入轨道之后,四颗卫星在太空按正四面体顶点排列,并且以此相对位置研究太阳风与地球磁场相互作用的三维图像。

此前,所有的探测计划都是利用单颗卫星实现,至多是多颗卫星大尺度的联合观测,而 Cluster-Ⅱ四颗近似轨道卫星的联合观测,则前所未有地实现了对地球空间环境中三维时变小尺度结构的联合探测。Cluster-Ⅱ星簇不仅可以对磁层关键区域进行三维局地测量,还可以有效地区分时间效应和空间效应(图2-1)。Cluster-Ⅱ星簇可在空间中形成四面体,并可根据实际的探测需要,对四颗卫星之间的距离进行调控。从发射至今,它们之间的间距从200 km到几个地球半径左右变化,研究了不同尺度的物理问题。这四颗卫星的组合形式,好像四个秀丽的舞伴在太空中跳舞一样,不断改变姿势。正因如此,欧空局将这四颗卫星分别用四种舞蹈来命名,将它们分别称为"Salsa"、"Samba"、"Rumba"和"Tango"。Cluster-Ⅱ在其飞行过程中将通过的关键等离子体区域包括弓激波区、磁层顶、极尖区、磁尾、等离子体边界层、极光区等。Cluster-Ⅱ的每颗卫星携带基本相同的11个探测器,这些探测器的名称见表2-1。

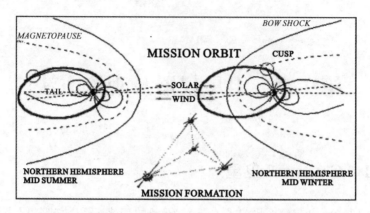

图 2-1　Cluster 卫星的轨道,覆盖了地球磁层几个最重要的区域

表 2-1　　**Cluster 卫星上的 11 个星载仪器的名称**

仪器简写	仪器全名
ASPOC	Active Spacecraft Potential Control
CIS	Cluster Ion Spectrometry
EDI	Electron Drift Instrument
FGM	Fluxgate magnetometer
PEACE	Plasma Electron and Current Experiment
RAPID	Research with Adaptive Particle Imaging Detectors
DWP	Digital Wave Processing Experiment
EFW	Electric Field and Waves
STAFF	Spatio-Temporal Analysis of Field Fluctuations
WBD	Wide Band Data
WHISPER	Waves of High Frequency and Sounder for Probing of the Electron Density by Relaxation

本文中利用到的数据主要来源于:FGM,CIS,PEACE,RAPID,

EFW 和 STAFF。下面对这些仪器做较详细的介绍。

FGM:是用来探测卫星周围磁场强度的仪器。在 Cluster-II 每颗卫星上都装有两个三轴 FGM,具有良好的容错性。每台 FGM 都可以在七个精度范围里测量磁场。当磁场的任一分量达到测量范围上限的 90% 时,FGM 会自动调整到更大的测量精度测量模式;当所有三分量的测量值都低于测量范围的 12.5% 时,则会调整到更小的测量精度模式进行测量 [Balogh et al., 2001]。

CIS:用来分析周围等离子体中离子的成分、质量和分布。CIS 中的 HIA 探测器利用的是球形静电分析器,探测 5～32 keV 能量范围内的所有离子速度分布;CIS 中的 CODIF 探测器则是可以区分离子成分(H^+,He^+,He^{2+},O^+ 等)的粒子探测器,该仪器由一个选择能量电荷比的半球静电分析器和一个飞行时间分析器共同组成 [Reme et al., 2001]。

PEACE:用来探测热电子(0.7 eV～30 keV)分布。该探测器有两个探头 LEEA 和 HEEA,分别位于卫星的两侧,它们在半个卫星自旋周期内视场重合。一个自旋周期内,两个探头都覆盖 4π 的立体角。整个能量范围分为 88 个能级,这两个探头只能连续测量其中 60 个能级,尽管如此,两探头的配合测量则能覆盖所有的能级。HEEA 覆盖较高能级,而 LEEA 则覆盖较低能级 [Johnstone et al., 2001]。

RAPID:利用两个独立的仪器 IIMS 和 IES,分别测量高能离子和电子的速度分布。测量的离子能量可到 1500 keV,而电子能量能到 400 keV [Wilken et al., 2001]。

EFW:利用装载在卫星自旋平面内的四个 50 m 长的探针来测量周围等离子体的对流以及波动。利用产生在每个探针上的电流可以获得周围电子的密度。EFW 数据的最高精度可到 36000/s,因此可以用来测量以上千米每秒运动的等离子体结构或者波动。EFW 是 Cluster 卫星的五个波动仪器之一 [Gustafson 1997; 2001]。

STAFF:是装载在一个 5 m 长探针上的磁强计,主要用来测量低频和高频波动。低频的波动数据是在地面上处理的,而高频的波动数据则直接在卫星上处理。STAFF 也是 Cluster 卫星的五个波动仪器之一 [Cornilleau-Wehrlin et al., 2001]。

2.2　THEMIS 计划

　　THEMIS 计划是美国宇航局(NASA)发射的由五颗卫星组成的卫星群,主要目的是研究在地球磁层发生的剧烈能量释放过程——磁层亚暴,次要目标包括研究地球辐射带的粒子加速和损失过程,以及磁层顶、弓激波和太阳风的耦合过程。该计划的英文全称是"Time History of Events and Macroscale Interaction during Substorms",英文简写是希腊神话中的法律和审判之神 Themis。

　　THEMIS 卫星于 2007 年 2 月 17 日在美国卡纳维拉尔角空军基地发射升空。每颗卫星携带有相同的科学探测仪器,包括 FGM,ESA,SST,EFI 和 SCM 等仪器。每颗卫星重量为 126 kg,其中载有燃油 49 kg。这些卫星都被放置在高度椭圆的轨道上,每四天这些卫星就在远地点排成一条线。轨道的远地点慢慢地绕着地球转动,依次穿过地球磁层的向日面、晨侧、背日面和昏侧(图 2-2)。发射初期,这五颗卫星被放置在相同的轨道上。THEMIS 五颗卫星的轨道参数如下:

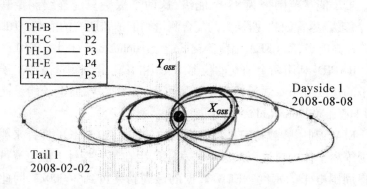

图 2-2　THEMIS 计划的五颗卫星的轨道图

　　发射初期:1.07 × 15.4 RE (所有卫星在同一轨道上)
　　Probe 1：1.3 × 30 RE
　　Probe 2：1.2 × 20 RE
　　Probes 3 和 4：1.5 × 12 RE

Probe 5：1.5 × 10 RE

THEMIS 计划的组成部分不仅仅包括 5 颗卫星,还有分布在美国北部和加拿大的 21 个地面观测台站。这些台站可以记录全天空的北极光的信息以及地球磁场的扰动。利用卫星和地面台站的协同观测,可以很好地对亚暴的时序进行研究。

本文主要用到的是星载仪器的数据,因此以下将详细介绍星载仪器。

FGM:Flux Gate Magnetometer（FGM）测量背景磁场强度以及低频扰动（最高到64 Hz）。FGM 是为了研究亚暴开始时磁层重组过程而特别设计的,这就需要能够达到 0.2 nT/h 的偏离稳定度。FGM 的灵敏度非常高,能够探测到 0.01 nT 的磁场强度的变化。由于需要能得到高度数据,FGM 仪器还必须能在非常靠近地球的、磁场强度达到25000 nT 的区域工作,因此 FGM 需要能测量 10^6 量级内的磁场。

ESA：ElectroStatic Analyzer（ESA）仪器能够测量从几电子伏到30 keV 能量范围的电子和从几电子伏到25 keV 的离子。ESA 仪器包括一对半球静电分析仪,该分析仪有 180°×60° 的探测角,能在 3 s 之内扫过 4π 的立体角。粒子由微通道探测头收集并形成分布函数。星载动量数据的计算考虑并修正了卫星电势的影响。

SST:Solid State Telescope（SST）仪器测量高能粒子分布函数,即测量能量范围为 25 ~ 6 MeV 的电子和离子,在给定的时间范围,给定的角度和给定的能量范围到达卫星的粒子数目。

EFI:Electric Field Instrument（EFI）仪器测量三个方向的电场。其中一对探测器配置在 20 m 长的天线上,另外一对在 25 m 长的天线上。还有两个探头装在两个刚性的长杆上,与卫星自转平面垂直并沿着卫星主轴方向。

SCM:Search Coil Magnetometer（SCM）测量三维的低频磁场扰动和波动。探测线圈可以探测 0.1 ~ 4 kHz 的波动。探测线圈以及配套的前置增幅器产生的模拟信号,和 EFI 仪器得到的数据,都一起由 Digital Field Box（DFB）和 Instrument Data Processing Unit（IDPU）数字化和加工。探测线圈的遥感测量器包括波形传送器,快速傅里叶变换后处理的数据,以及滤波器组处理后的数据。

2.3　数据分析方法

为了从大量的卫星数据从提炼出物理图像,必须使用一定的数据分析方法对原始数据处理。在这一节将简要介绍本文中主要用到的几种数据分析方法,包括单卫星和多卫星的观测方法,为方便起见,以下提到的多卫星都是以四颗卫星为例。

2.3.1　最小变量分析法(Minimum Variance Analysis)

最小变量分析法是用来判断一维或近似一维结构法线方向的最常用方法之一 [Patchmann and Daly, 1998]。该方法最常用来分析磁场数据以确定一维结构法向,一般也称为 MVAB。该方法的基本原理是:由于是一维结构,而且磁场满足 $\nabla \cdot \boldsymbol{B} = 0$,因此有 $\boldsymbol{n} \cdot \boldsymbol{B} = 0$,其中 $\boldsymbol{n}$ 是结构的法线方向。该式的意义是,沿法线方向的磁场分量变化为零。MVAB 就是找到在一段时间内磁场变化最小的方向,作为该结构的法线方向,数学原理如下:

$$\delta^2 = \frac{1}{M}\sum_{m=1}^{M} |(\boldsymbol{B}^{(m)} - <\boldsymbol{B}>)^2 \cdot \hat{\boldsymbol{n}}|^2 \qquad (2.3.1)$$

其中 $<\boldsymbol{B}> = \frac{1}{M}\sum_{m=1}^{M}\boldsymbol{B}^{(m)}$ 是一段时间的磁场平均值,$\hat{\boldsymbol{n}}$ 是结构的法线方向并且满足归一化限制 $|\hat{\boldsymbol{n}}|^2 = 1$。

为了求解 $\hat{\boldsymbol{n}}$,给上面的限制条件乘上拉格朗日乘子,运用极值函数分析可得下面的一组表达式:

$$\frac{\partial}{\partial \boldsymbol{n}_x}(\delta^2 - \lambda(|\hat{\boldsymbol{n}}|^2 - 1)) = 0$$

$$\frac{\partial}{\partial \boldsymbol{n}_y}(\delta^2 - \lambda(|\hat{\boldsymbol{n}}|^2 - 1)) = 0 \qquad (2.3.2)$$

$$\frac{\partial}{\partial \boldsymbol{n}_z}(\delta^2 - \lambda(|\hat{\boldsymbol{n}}|^2 - 1)) = 0$$

公式 (2.3.2) 中 $\boldsymbol{n}_x$, $\boldsymbol{n}_y$, $\boldsymbol{n}_z$ 分别是 $\hat{\boldsymbol{n}}$ 的三个分量。该式是 3×3 的线性方程组,可以通过解矩阵的特征向量来求出 $\hat{\boldsymbol{n}}$。其中最小的

特征值对应的特征向量即我们要找的法向,而其他两个方向和法向一起构成右手正交坐标系。

最小变量分析法实际上也经常用来寻找电磁波的传播方向。一个单色平面电磁波要满足法拉第定律,因此有:

$$\vec{k} \times \delta\vec{E} = \omega\delta\vec{B} \qquad (2.3.3)$$

通过公式(2.3.3)我们得知,$\vec{k} \perp \delta\vec{B}$。由于是平面极化波,因此在磁场的扰动中必定可以找到一个垂直于极化平面的方向,这个方向就是波矢 $\vec{k}$ 的方向,这个方向也是磁场扰动变化最小的方向。这个方法适用于圆极化的波动,而对于线极化的波动,$\vec{k}$ 方向的确定误差较大。

另外,通过最小变量分析法得到的三组正交向量里也包含着变化最大的方向。这个方向有时也用来确定静电波的极化方向,因为静电波的极化方向对应着电场的最大扰动方向。

2.3.2 Timing 法

Timing 法是用多卫星探测来求结构运动速度的方法。Timing 法的基本假设是,所要探测的结构是近似平面的结构,并且该结构的运动速度远大于卫星速度,而且该结构在穿越几颗卫星时速度不变。通过不同卫星探测到结构的时间差,以及已知卫星位置的情况下,可以通过以下公式推算出结构的运动速度。

$$\hat{r}_\alpha - \hat{r}_4 = \hat{V}(t_\alpha - t_4) \ , \alpha = 1,2,3 \qquad (2.3.4)$$

其中 $\hat{r}_\alpha$ 是卫星的位置,t_α 是卫星观测到结构的时间,$\hat{V}$ 是结构的速度。假设 $m = \hat{n}/V$,$\hat{n}$ 是速度单位矢量,V 是绝对速度大小。那么方程(2.3.4)可以写成

$$Dm = T \qquad (2.3.5)$$

其中 $D = (r_1 - r_4, r_2 - r_4, r_3 - r_4)$。

$$T = \begin{bmatrix} t_1 - t_4 \\ t_2 - t_4 \\ t_3 - t_4 \end{bmatrix}$$

因此,m 可以通过解方程(2.3.5)得到,

$$m = D^{-1}T \qquad\qquad (2.3.6)$$

使用 Timing 法时,有两点特别值得注意。一是要考虑判断时间差可能带来的误差。一般采用判断时间差的方法是相关性分析,或者是设定某个特定的值作为标准,以每颗卫星的数据达到该值的时间来计算时间差。以上的方法都无法精确地定下时间差,因此在使用 Timing 法的时候,要考虑时间差可能引起的误差。另一点就是Timing 法的使用也依赖几颗卫星的拓扑结构,这一点可以从公式(2.3.6)可以看出,当矩阵 D 无法求逆时,m 是无解的。因此当四颗卫星构成的形态近似于平面时,Timing 法不能使用。

2.3.3　Curlometer 法

Curlometer 法是利用多卫星计算电流密度的方法。此前单颗卫星时代,计算电流的方法有两种,一是用测得的离子和电子通量之差,二是假设结构是一维并且已知结构的运动速度的情况下,利用安培定律可以算出某个分量。这两种方法都有各自的缺陷。第一种方法需要知道离子和电子的流速,而通常情况下离子和电子的流速很难精确测得。第二种方法只能计算间断面的电流,而且还必须事先知道间断面的运动速度。Curlometer 法使得较为准确地测定三维电流密度变为可行。该方法的一个基本假设是:在卫星间距内,电流密度是均匀的,即磁场的变化是线性的 [Dunlop et al., 2002]。

该方法的基本原理是:选出由四颗卫星组成的四面体中的任意三个面,利用安培定律可以算出平行每个面法线方向的电流密度,然后通过投影得到任何直角坐标系下的电流。该原理的数学表达式为:

$$\mu_0 \hat{\boldsymbol{J}} \cdot (\Delta \hat{r}_{\mathrm{i}} \times \Delta \hat{r}_{\mathrm{j}}) = \Delta \hat{\boldsymbol{B}}_{\mathrm{i}} \cdot \Delta \hat{r}_{\mathrm{j}} - \Delta \hat{\boldsymbol{B}}_{\mathrm{j}} \cdot \Delta \hat{r}_{\mathrm{i}}$$

其中 $\Delta \hat{r}_{\mathrm{i}} = \hat{r}_{\mathrm{i}} - \hat{r}_1, \Delta \hat{\boldsymbol{B}}_{\mathrm{i}} = \hat{\boldsymbol{B}}_{\mathrm{i}} - \hat{\boldsymbol{B}}_1$。

2.3.4　干涉法

干涉法是利用多卫星或者单卫星探头之间的信号差来求得波矢 k 的方法。我们先介绍干涉法在单颗卫星上的应用。在单颗卫星的

应用上,干涉法只能用于电场探测仪,如Cluster卫星的 EFW 仪器,或者是 THEMIS 的 EFI 仪器。如图2-3 所示为 Cluster 卫星的电场探头示意图。

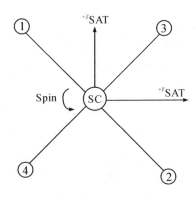

图2-3 Cluster 卫星电场探头在卫星自转平面内的示意图

图中的四个探头构成一个正方形,每个探头测到一个电势,然后利用探头间的电势差可以求得电场。假设测得电场波动的频率是f,如果波的相速度小于$r_{13} \times f$,那么我们就可以利用干涉法估算出对应频率的波速,继而求出波长。假设测到的波动是平面波,即$E(r,t) = E_0 \exp(ik \cdot r - i\omega t + \varphi_0)$。那么 P_{23} 和 P_{14} 电场间的相位差便是 $\Delta\varphi = k_{13}(r_{23} - r_{14}) = 2\pi f(r_{23} - r_{14})/\hat{v}_{ph,13°}$。$\Delta\varphi$ 可以通过相关频谱分析得到,而频率f和探头间距是已知的,这样我们就可以通过上式求得 v_{ph}。其实更简单的办法是,利用 P_{23} 和 P_{14} 之间,以及 P_{13} 和 P_{24} 之间电场信号的时间差,利用 Timing 法就可以求出波在该平面内的相速度。

多颗卫星的干涉法原理是一样的,不同的是四个探头被四颗卫星所代替,而且四颗卫星构成的四面体结构可以求三维的波矢量。另外,干涉法也不再局限于电场,多颗卫星的干涉法更多地用在磁场上。

2.3.5 K 滤波法

K 滤波法是基于多卫星的波动分析技术。该方法是由 Pincon

和 Lefeuvre［1991］引入空间科学领域的,在假设波场是时间独立空间连续条件下,并给定频率,可以利用空间多点同时探测的数据计算出频谱强度和波矢,可以辨别波动的三维电磁结构。K 滤波法的原理如下:

利用磁场的三个的分量 $\hat{B}(r,t)$ 做 K 滤波分析,设 $\hat{B}(\hat{r}_\alpha,t)$ ($\alpha \in 1,2,3,4$) 为 Cluster 卫星在位于 $\hat{r}_\alpha$ 处所测磁场。互相关矩阵是描述场特征重要的参数,一般表示为: $M(t+\tau,r_\alpha,t,r_\beta) = \langle B(t+\tau,t_\alpha) B^*(t,r_\beta) \rangle$

这里 B^* 表示转置共轭,$\langle \rangle$ 表示对时间求平均。

假设波场是平稳和连续的,那么所有的统计量对时间和空间是不变量。严格的时空平稳和连续在空间是不可能的,特别是对于一些边界,比如磁场顶和弓激波区域。然而,用于 K 滤波方法的计算的是时空相关矩阵,并且给出的是统计结果,因此,只要波动的时间稳定性比其周期长,且卫星间距大于最大波长就可用该方法来处理。

在以上假设下,互相关矩阵仅与 τ 和 $r_{\alpha\beta}$ 有关($r_{\alpha\beta} = r_\alpha - r_\beta$)。即:

$$M(t+\tau,r_\alpha,t,r_\beta) = M(\tau,r_{\alpha\beta})$$

对磁场的各分量做时间的傅里叶变换,得到:

$$M(\omega,r_{\alpha\beta}) = \langle B(\omega,r_\alpha) B^*(\omega,r_\beta) \rangle$$

而波场的 $M(\omega,r_{\alpha\beta})$ 在 (ω,k) 空间可以通过以下变换得到:

$$M(\omega,r_{\alpha\beta}) = \int P(\omega,k) \, e^{-k \cdot r_{\alpha\beta}} dk$$

上式中,$P(\omega,k)$ 是频谱密度矩阵,是磁场波动能量密度分布。

K 滤波法可以从互相关矩阵 $M(\omega,r_{\alpha\beta})$ 中最佳地估计 $P(\omega,k)$,采用滤波方法去获取频谱能量密度值,而每个滤波器与不同的 (ω,k) 相关,因此求得的能量是在单独的 (ω,k) 下。更加具体复杂的处理细节可参考 Pincon 和 Lefeuvre［1991］,以及 Pincon 和 Motschmann［1998］。经过推导,$P(\omega,k)$ 最后的表达式为:

$$P(\omega,k) = Tr\{[H^*(k)M^{-1}(\omega) H(k)^{-1}]\} \qquad (2.3.7)$$

上式中,矩阵 $H(k)$ 定义为:

$$H(k) = \left[I\exp(-ik \cdot r_1), I\exp(-ik \cdot r_2), I\exp(-ik \cdot r_3), I\exp(-ik \cdot r_4) \right]$$

其中 I 是 3×3 的矩阵,因此 $H(k)$ 是 12×3 的矩阵。$M(\omega)$ 是包含所有互相关矩阵 $M(\omega, r_{\alpha\beta})$ 的 12×12 的矩阵。$M(\omega, r_{\alpha\beta})$ 可以利用四颗 Cluster 卫星通过 $(2.3.7)$ 式估计获得,所有的数据处理都必须考虑 $\nabla \cdot B = 0$ 的限制。

最后,K 滤波法的使用具有一定限制条件,正确使用大滤波法必须考虑 Cluster 四颗卫星的间距和四颗卫星所呈的形态。Cluster 卫星的构成越接近正四面体,则计算结果越可靠。

第3章　磁场重联过程中的波动研究

波动一直是磁场重联研究的热点之一。需要解决的主要问题是：波动到底是驱动或调制重联的机制之一，还是仅仅是重联的产物。如果波动可以驱动或者调制重联，那么到底是哪种波动起作用，以及是如何起作用的？这些问题的解决需要结合卫星观测和数值模拟。本章通过2003年9月19日Cluster卫星在磁场重联扩散区内对波动的观测，研究了重联扩散区内不同区域以及不同波动的特征，尝试为以上问题的解答提供一些线索。

3.1　磁场重联扩散区内薄电流片附近低混杂漂移波的观测

电流片中包括无碰撞撕裂模不稳定性［Coppi et al. ,1966；Sonnerup, 1974］和低混杂漂移不稳定性（LHDI）［Davidson et al. , 1977］等多种等离子体不稳定性。这些不稳定性对于磁场重联的触发以及发展的作用仍存在很大的争议。人们对能够在大尺度上提供耗散过程的各种波动和湍动有很大的兴趣，特别是那些在低混杂频率附近的波动。

由于在电流片区域存在等离子体密度和磁场的不均匀性，LHDI可以由退磁化电流所激发。它是波长相对较短的一种不稳定性，多年来一直被认为是反常电阻的主要来源之一［Labelle and Treumann, 1988；Cattell et al. ,1995］。然而，LHDI在饱和阶段的强度主要由电子动力学决定的，饱和阶段的强度非常低以至于不能提供平衡真实的重联电场所需的反常电阻。另一方面，LHDI无法存在于高β等离子体中，因此，它主要出现在电流片的两侧［Davidson et al. ,

42

1977]。Shinohara 等人[1998]在亚暴触发时刻附近,在中性电流片区域观测到低混杂频率范围的电磁波动。Bale 等人[2002]报道了卫星在穿越磁层顶重联扩散区的电流片的边界时观测到 LHDI。他们估算了反常电阻,发现反常电阻不足以平衡测量到的平行电场。实验等离子体中也认为 LHDI 不能提供所需要的耗散[Carter et al., 2001, 2002]。Vaivads 等人[2004]发现低混杂湍动只在一个狭窄的边界层才对磁层顶扩散过程起重要作用。但是,最新的模拟和观测结果开始挑战这个结论。三维的粒子模拟已经完全表明 LHDI 确实存在于中心电流片内。试验等离子体中的磁场重联试验报道了在电流片中心区域的磁场波动和快速重联相关,这种波动的频率在低混杂频率范围附近[Ji et al., 2004]。这些结果都表明电磁波动影响磁场重联演变的可能性。

这里我们报道 2003 年 9 月 19 日 Cluster 卫星观测到在磁尾薄电流片附近的磁场重联扩散区域的静电和电磁模式的 LHDI。图 3-1(见彩色插页)给出在 2003 年 9 月 19 号 23:25~23:35 UT 间 Cluster 卫星在穿越重联扩散区域的观测。Cluster 卫星位于(-17.4,3.7,0.5)RE 处。图 3-1 的 a、b、c 三幅图表示的是磁场的三个分量,以下依次为质子速度的 X 分量、磁场和电磁的功率谱。用于分析的数据都来自 Cluster 卫星上的仪器。22 Hz 的高精度磁场数据来自 FGM 仪器,质子流速度来自于 CIS 仪器。EFW 仪器提供 25 Hz 的高精度的 X 和 Y 两个方向的电场分量,它也提供分辨率为 0.2 s 的电子密度数据[Gustafson et al., 1997]。这个事件的一个显著的特征是电流片法向坐标系接近于 GSM 坐标系,所以所有的分量都表示在 GSM 坐标系下。

高速等离子体流在 23:25 UT 左右开始出现,并且大约持续了 9 min。在 23:30 UT 左右有从尾向到地向的等离子体流的反向[图 3-1(d)],并且 B_z 分量也从负变到正[图 3-1(c)],这些都表明 Cluster 卫星从尾向往地向穿越了 X 线[Runov et al., 2003]。Borg 等人[2005]详细地报道了 Cluster 卫星在这个时间段穿越磁场重联扩散区的过程。除了有等离子体流的反向之外,卫星还清楚地探测到了 Hall 四极磁场和平行于电流片法向并指向中性片方向的 Hall 电场。

从离子回旋频率(f_{ci})到低混杂频率(f_{lh})的波动增强也在扩散区内被观测到[图 3-1(e)和 3-1(f)]。

图 3-2(见彩色插页)是 23:29:50 ~ 23:30:20 UT 时间段内 SC4 通过 X 线时观测到的磁场[图 3-2(a)],质子流[图 3-2(b)],电场[图 3-2(c)和 3-2(d)],电子密度[图 3-2(e)]以及电流密度[图 3-2(f)]。等离子体流从地向变到尾向,然后快速返回到地向[图 3-2(b)],同时 B_z 分量也从正变到负[图 3-2(a)],当流反向时 B_y 分量也从正变到负,这可能是霍尔电流在扩散区的表现形式[Deng and Matsumoto, 2001]。使用 Timing 分析法,选择 $B_z = 0$ 的时刻作为基准[Schwartz, 1998],我们估算出 X 线沿(0.9, -0.4, -0.15)方向运动,这和 X 线地向运动的想法是一致的。

我们注意到 E_x 分量也从正变到负[图 3-2(c)],并伴随着 B_y 和 B_z 分量的反向[图 3-2(a)],因此,E_x 电场分量可能是离子和电子运动解耦的表现[Shay et al., 2001]。穿越 X 线时,观测到了高达 40 mV/m 的强电场扰动[图 3-2(c)和 3-2(d)]。我们比较了 E_x,E_y 分量,发现波动是线性极化的,并且与背景磁场有较大的极化角度(>7°)。波动增强和大的等离子体密度梯度相对应[图 3-2(e)]。图 3-3(见彩色插页)给出了在分界线附近磁场和电场的能谱密度,为了跟远离分界线处的电磁场能谱进行比较,在图中也给出了远离分界线处的能谱。我们发现在分界线区域电场的能量密度在离子回旋频率和低混杂频率范围有所增强,同时在该频段磁场的能量密度变得比电场能量密度小很多,并且在靠近低混杂频率时急速下降。因此,在分界线附近观测到的波是准静电波。

在穿越 X 线后,只有 SC4 从北往南穿越了电流片,其他三颗卫星仍然待在北瓣区。我们可以合理地认为电流片的半宽度与 SC4 和其他三颗卫星的间距差不多,这个距离大约是 250 km。根据磁场和尾瓣区磁场的强度的斜率,薄电流片半宽可以估计为 $h \sim B_1$ ($\partial B_x / \partial z$) $\sim$ 250 km $\sim$ 0.4 c/ωpi,这与用 Harris 电流片拟合法估算得到的电流片半宽结果相同。用 Curlometer 法[Dunlop et al., 2002]计算得到的电流 Y 分量达到约 80 nA/m^2[图 3-2(f)],这个值在磁尾是非常大的。

　　图 3-4 描绘了当 Cluster 卫星正好从北往南穿越中性电流片时观测到的强电磁场的波动。在 23：32：13～23：32：19 UT 时间段内四颗卫星的磁场的三个分量呈现出准单色的波动[图 3-4(a)～(c)]。电场的波动也非常的剧烈，幅度达到了 50 mV/m[图 3-4(d)]。较高的等离子体 β 值表明卫星位于中性电流片内[图 3-4(e)]。电场和磁场的波动峰值频率大约在 2 Hz。将磁场转换到场向坐标系下，我们发现磁场的扰动主要是沿着背景磁场 B_0 的方向[图 3-4(f)]。由于 2003 年 Cluster 卫星间距比较小，我们可以通过多卫星干涉法估算波长远大于卫星间距的波动的波长。

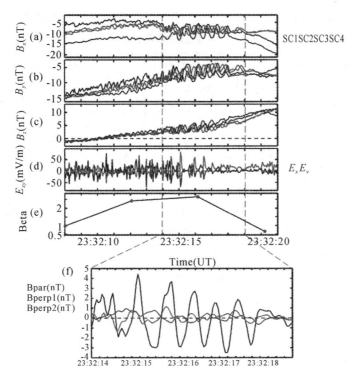

图 3-4　23：32：08～23：32：21UT 间在中心电流片内观测到的电磁波

(a)～(c)分别是四颗卫星的磁场 x,y,z 分量,(d)SC2 卫星电场的 x 和 y 分量,(e)SC1 卫星得到的等离子体 beta 值,(f)在场向坐标系(FAC)下 SC1 卫星测到的扰动磁场

在 23∶32∶14.2 ~ 23∶32∶18.3 UT 时间段,我们利用互相关分析确定出波动到达不同卫星的时间差,然后用 Timing 法去求得波动的速度大小和传播方向。用不同的卫星作为参考所得到的波动传播速度结果列在表 3-1。所有的相关系数在 0.99 以上,用不同的卫星作为参考估算出的速度大小差别很小,传播方向的差别不超过 9,以上这些都意味着这四颗卫星确实观测到相同的波动。另外,对每颗卫星的磁场扰动用最小变量分析法也能估算出传播角度 [Song and Russell, 1999],结果列在表 3-2,跟用干涉法得到的传播角度是一致的。我们对波的矢量轨迹分析发现波动是准垂直传播的 [Ji et al., 2004]。

表 3-1　使用互相关分析和 Timing 法对 23∶32∶14.2 ~ 23∶32∶18.3 UT 段波动研究的结果

Reference spacecraft	Velocity（km/s）	Propagation direction
C1	717	(0.64, - 0.75, 0.14)
C2	723	(0.59, - 0.76, 0.23)
C3	700	(0.56, - 0.79, 0.23)
C4	677	(0.57, - 0.79, 0.20)

我们每次选择一颗卫星作为参考,然后通过互相关法估算其他卫星(j)同这颗参考卫星(i)的时间差 Δt_{ij}。最后用 Timing 法计算出波动传播速度 $V_{wi} = \Delta r_{ij} / \Delta t_{ij}$($V_{wi}$ 是用卫星 SCi 作为参考算出的相速度,Δr_{wi} 是其他卫星与参考卫星的间距)。

表 3-2　利用 MVA 法对扰动磁场分析求出的波动传播方向

Spacecraft	λ_2 / λ_3	Propagation direction
C1	6.2	(0.72, - 0.69, 0.08)
C2	5.5	(0.72, - 0.63, 0.29)
C3	6.5	(0.66, - 0.73, 0.18)

λ_2/λ_3 是 MVA 法中求得的中间特征值与最小特征值的比值。对于 SC4 卫星 λ_2/λ_3 小于 3,因此结果不可靠。

用四颗卫星的平均磁场在 23:32:14.2 ~ 23:32:18.3 UT 时间段来推算出背景磁场 $\boldsymbol{B}_0$,计算出磁场的单位矢量 $b = (-0.71, -0.56, 0.41)$,而波矢 $\boldsymbol{k} = (0.62, -0.77, 0.15)$,它和磁场 $\boldsymbol{B}$ 的夹角 $>85°$,因此,它是一个准垂直传播的波。垂直波长为 $\lambda = v/f \approx 352$ km ~ 3.5 $\sqrt{\rho_{ci}\rho_{ce}}$,其中 $\rho_{ci} \approx 881$ km 是离子拉莫尔半径,$\rho_{ce} \approx 12$ km 是电子拉莫尔半径。频率的峰值应该考虑多普勒频移的影响。三颗卫星观测到的平均流速是 $v_0 \approx (469, -63, 94)$ km/s。多普勒平移是 $\boldsymbol{k} \cdot v_0/\lambda \approx 1.1$ Hz,因此,该波动在等离子静止坐标系下的频率峰值为 $f' \approx 0.9$ Hz,频率范围在 $f_{ci} \approx 0.18$ Hz 以上和 $f_{lh} \approx 7.8$ Hz 以下,波动相速度在等离子体静止坐标系下为 $v' = \lambda f' \approx 316$ km/s。

3.2 快速磁场重联扩散区内的低频波动特征

磁场重联是天体物理中的一种非常重要的物理现象,等离子体波动被认为在磁场重联扩散区扮演重要角色。利用 K 滤波方法和多卫星观测,我们可以获得在低频部分的波矢,这对于波模的判断十分重要。本节我们利用 Cluster 卫星对 X 线的地向侧,有小导向场的重联扩散区内的低频波动进行了研究。

重联的 MHD 模型要求有足够大的电阻来获得快速重联率,然而碰撞提供的电阻在无碰撞等离子体中可以忽略,因此为了得到大的电阻,学者们提出了快速重联中重联电场由在扩散区的波粒相互作用的反常电阻提供。低混杂波被认为在重联区域扮演重要角色,但是在扩散区内直接由低混杂波提供的反常电阻很小,不足以与重联要求的电场平衡 [Bale et al., 2002; Zhou et al., 2009; Eastwood et al., 2009]。

另一方面,扩散区由于电子和离子的运动解耦而呈现出两种尺度的结构——离子扩散区和电子扩散区。离子和电子在扩散区的解耦导致 Hall 电流的产生。最近的数值模拟表明 Hall 效应使得重联率单独由离子动力学控制,而与在电子扩散区内破坏冻结条件的机制无关。基于 Hall 效应的理论模型预测的重联率大约为 $0.1\ v_{in}/vA$，其中 v_{in} 为入流区的流速，v_A 为入流区的 Aflven 速度，这已经被卫星观测所证实［Xiao et al.，2007］。在离子扩散区内电子动力学符合哨声波方程，表明快速重联是由哨声波所调制的。Deng 和 Matsumoto［2001］首次在磁场顶重联扩散区域观测到哨声波。Eastwood 等人［2009］也在无导向场的重联离子扩散区观测到电磁场湍动，他们发现湍动色散关系符合快模哨声波模。在有导向场时，理论预测动力学 Alfven 将取代哨声波调制重联率。动力学 Alfven 波在磁场顶和磁尾重联层内都有观测到，被认为对磁场重联的能量耗散有重要作用［Chaston et al.，2005；Chaston et al.，2009］。

本节对 2003 年 9 月 19 日 Cluster 卫星穿越磁场重联扩散区观测到的低频波动进行分析。这里我们利用 K 滤波方法研究了 Cluster 卫星穿越磁场重联扩散区的波动。K 滤波法是由 Pincon 和 Lefeuvre［1991］引入空间科学领域。该方法可以通过多颗卫星之间信号的相位差估计磁场波动能量的分布 $P(\omega,\ k)$，$P(\omega,\ k)$ 是频率和波矢的函数。由于得出的是能量分布，不是单个的数值，因此我们可以在每个频率得到多个波矢。在假设波场是时间独立空间连续条件下，在给定的频率时，可以利用空间多点同时探测的数据计算出给定频率的对应波矢，具体的算法参照 Pincon 和 Lefeuvre［1991］，Pincon 等［1998］，F. Sahraoui et al.［2003］等文献。Cluster 卫星能提供高精度和高质量的探测数据，这里我们利用了 Cluster 卫星上 FGM、CIS 和 EFW 仪器测得的磁场、等离子体和电场数据。

关于该事件扩散区的研究可参考 3.1 节，以及文献 Borg 等［2005］。在整个扩散区内的导向场大约为 1 nT，是尾瓣区磁场的 4%。在整个地向流期间，B_y 的平均值给出的导向场为 3.2 nT，大约为尾瓣区磁场的 13%。下面我们将研究 23：30：10 ~ 23：32：00 UT 期间的波动特性，此时 Cluster 卫星位于 X 线的地向侧。

图 3-5 给出了在 GSE 坐标系下，SC4 在 23：30：10 ~ 23：32：00 UT 时间段，磁场 B_z 分量和电场 E_y 分量利用 Multitaper 方法得到的频谱。在低频部分，电场的频谱强度（Power Spectral Density）PSD 与磁场的差别不大，但磁场和电场的 PSD 在 0.35 Hz 左右出现分叉，该

频率大于当地的质子回旋频率0.18 Hz。对于较高频部分,电场 PSD 在 1.5~6.5 Hz 频段增强,而对应的磁场 PSD 一直下降,电场增强的频率大约在低混杂频率附近,这可能是由在分界线区域的低混杂波所引起的。对数据进行线性拟合,从 0.07 Hz 至分叉频率 0.35 Hz 间,电场 E_y 和磁场 B_z 的幂指数为 -1.65,约为 $-5/3$,这与经典的 Kolmogorov 流体理论推出的在惯性区的湍动的幂律一致 [Bale et al., 2005]。在分叉频率 0.35~3 Hz 做拟合,发现电场 E_y 的幂指数为 -0.47,约为 $-1/2$,磁场 B_z 的幂指数为 -2.15。

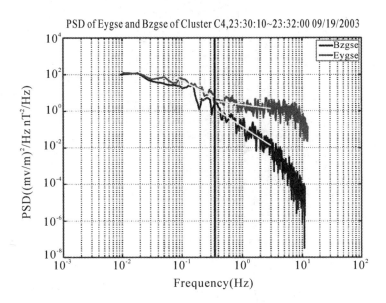

图 3-5 SC4 卫星在 X 线的地向流部分时(23:30:10~23:32:00UT)
测到的电场 E_y 分量和磁场 B_z 分量的功率谱

其中 E_y 和 B_z 分量都表示在 GSE 坐标系下;灰线和黑线分别表示 E_y 和 B_z 的功率谱;黑色竖线标志电场和磁场的功率谱开始分叉时的频率;白线是对功率谱用线性拟合法求幂律所得到的。

对地向流时间段用 K 滤波方法分析。K 滤波法可以计算出波矢的三维分布,这里我们选取磁场能量分布(MFED)最大时的波矢为该频率所对应的波矢。在电场和磁场的频谱分叉频率范围处,利用 K 滤波法做了 MFED 的三维分布, 即 k_z 在 −0.02 rd/km 到 0.02 rd/km取不同值时 MFED 在(k_x,k_y)面的分布。图 3-6 示出了 f = 0.35 Hz 时MFED 的三维分布图, 颜色的深浅表示 MFED 的大小, 越深表示 MFED 值越大。中心最红点即 MFED 最大处的波矢为 $\boldsymbol{k}$ = (−0.00181, 0.00398, 0.000290) rd/km。

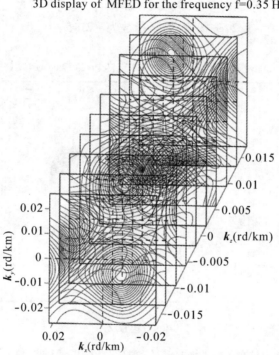

图 3-6　磁场波动能量分布(MFED)的三维示意图

图 3-6 中所示的是在频率 f = 0.35 Hz 时, 在 10 个不同的 k_z 下得到的 (k_x − k_y)平面内得到的 MFED 等位面;中心黑点处的波矢为 $\boldsymbol{k}$ = (−0.00181, 0.00398, 0.000290) rd/km。

选取一系列的频率做 K 滤波分析, 得到对应的波矢强度和大小,图 3-7(a)给出了不同频率下所对应波矢各分量的比值,其中灰色线代表比值为 1,黑色十字,灰色十字和灰色圆分别表示 k_y/k_x,

k_z/k_x 和 k_y/k_z 的值。在比值为 1 的灰色线之上,黑色十字和灰色圆圈个数远多于灰色线下的,灰色十字在灰色线上下分布比较均匀,说明波矢的 y 分量远大于 x 和 z 分量,而 x 和 z 分量相当,因此波矢主要是沿 y 方向。为了更加细致了解波动的传播方向,我们计算了波矢与主磁场的夹角。主磁场是对每个数据点前后做一秒的滑动平均得到的,对该时间段的主磁场做平均就得到该时间段的主磁场方向。图 3-7(b)描绘了波矢与主磁场夹角随频率的变化,其变化基本上在 70 ~ 130°,所以是斜向传播的波模。

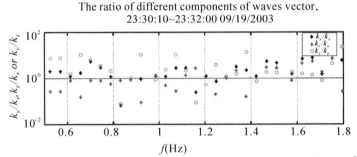

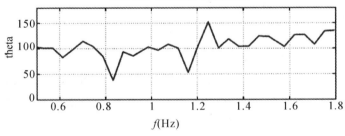

图 3-7 (a)波矢不同分量的比值 (b)波动传播方向和磁场的
夹角随频率变化的关系

(a)灰色线表示的值为 1,黑十字,灰十字和灰色圈分别表示 k_y/k_x,k_z/k_x and k_z/k_z;(b)频率是在卫星坐标系下的频率。

我们进一步估计了色散关系,并与理论色散关系进行了对比。考虑到多普勒频移,我们将各频率在等离子体静止坐标系下表示。

频率在等离子体静止坐标系下为 $\omega_{\text{rest}} = \omega_{\text{sc}} - v_{\text{flow}} \cdot k$ ，这里 k 为波矢，ω_{sc} 为卫星测到的频率，v_{flow} 为卫星测得的等离子体流的速度。波矢 k 是利用 K 滤波法测得的。图 3-8 给出了实测和理论的色散关系曲线。理论色散关系图由热的双流体理论推导而来［V. Formisano and C. F. Kennel 1969］，其中灰色、黑色和浅灰色曲线分别代表快波模、中间波模和慢模。当地的 Alfven 速度 $V_{\text{A,local}} = 655$ km/s，当地的 β 值为 10，我们取波矢与磁场的夹角 θ 值为 95 代入理论色散公式的计算。ω_{jet} 和 k 两个参数都进行了归一化处理。

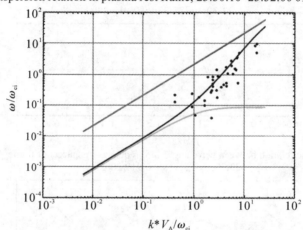

Dispersion relation in plasma rest frame; 23:30:10~23:32:00 09/19/2003

图 3-8　卫星实测的色散关系与通过双热流体力学方程推出的色散关系的对比
　　图中黑点代表实测到的色散关系，而灰线、黑线和浅灰线分别表示快模、中间模和慢模的理论色散关系曲线。

我们发现观测的色散关系基本都在慢模曲线之上，比较明显趋近于理论波模的中间模曲线，其变化趋势与中间模变化趋势一致。当 $\omega/\omega_{\text{ci}} > 1$ 时，快模为声波，色散关系满足 $\omega/k \approx C_s$，C_s 为声速。中间波模的相速度随着波矢 k 的增大而增加，因此其满足的色散关系为正色散关系，是色散性波，在低频部分，中间模和慢模耦合在一起，在较高频部分，中间模曲线满足 $\omega/k^2 \approx |\cos\theta| v_{\text{A}}^2/\omega_{\text{ci}}$，$\theta$ 是波矢

与磁场的夹角,该方程是哨声波的色散关系。这与 *Wang* 等人[2000] 在重联扩散区利用 Hall MHD 方程推导的结果一致,他们认为这种模式的波是 Alfven-Whistler 波,是无导向场时在重联区的主要波动。我们的结果证实了在高 β 重联区在有小导向场情况下,主要的波为高斜向传播的波模,该波模符合 Alfven-Whistler 色散关系。

3.3 重联扩散区内密度耗空区的波粒相互作用

磁场重联的磁场分形线是出流和入流区的边界,普遍认为其在磁场重联过程中承担重要角色。Shay 等人 [2001] 用 Hall 数值模拟发现在磁场分界线的下游区存在着密度耗空区。密度耗空区内有强的 Hall 电流和高的磁压,其厚度在一个离子惯性尺度左右。用 Hall MHD 模拟对耗空区的进一步研究表明,Hall 项对在分形线附近区域形成密度耗空区起关键作用 [Yang et al., 2006]。

目前已经有不少对密度耗空区微观结构的卫星观测结果。Retino 等人 [2006] 研究了磁层顶分界线区域的密度耗空区结构,发现其离 X 线约有 50 个离子惯性长度。密度耗空区伴随有强电场、行电子束,同时有在低混杂频率和电子等离子体频率之间的湍动。Khotyaintsev 等人 [2006] 通过观测发现磁层顶部的密度耗空区是由于电子沿着新的开放磁力线逃逸而形成的。在密度耗空区有强的垂直电场,有时电势差能达到上千伏。他们认为电势跳跃和场向电流可能与极光增强有关。另外,密度耗空区也曾在磁场顶部磁场重联扩散区的分界线区域被观测到 [Vaivads et al., 2004]。

本节我们主要研究 2003 年 9 月 19 日 Cluster 卫星穿越磁重联 X 线时,在重联扩散区内的密度耗空区的微观结构和波动粒子特性。在 2003 年,四颗卫星间距小于 200km,这为我们研究小尺度结构的细节提供了机遇。该重联事件首先由 Borg 等人报道 [2005],他们通过分析电场和磁场的变化发现其特征满足 Hall 结构,从而确定这是一重联扩散区。此外,他们发现了在等离子体密度变小时垂直磁场的电场有增大的趋势。低混杂波 [Zhou et al., 2009] 和动力学Alfven 波 [Chaston et al., 2009] 在该重联扩散区内也被观测到。

我们使用了 Cluster 卫星上磁场、波和粒子仪器来研究密度耗空区的结构。其中,FGM 仪器提供 22 Hz 高精度的磁场数据。STAFF仪器提供 8～4000 Hz 的磁场波动数据,而 25 Hz 高精度的电场数据则由 EFW 仪器提供。电子分布数据由 PEACE 仪器提供。除电场的数据在 GSE 坐标表示外,其他所有的参数都是在 GSM 坐标下表示。

图 3-9(见彩色插页)是在 23∶25～23∶35 UT 期间的 Cluster 四颗卫星测得的磁场和等离子体流。Cluster 卫星观测到的重联扩散区的具体结构可以参考 3.1 节。红色虚线标注的是观测到密度耗空区的时刻。密度耗空区出现在 23∶31∶50 UT 前后,此时 Cluster 卫星位于中性片的南半侧($B_x < 0$),X 线的地向侧($V_x > 0$)。图 3-10(见彩色插页)给出了 23∶31∶40～23∶32∶00 UT 磁场的三个分量、总磁场、卫星电势、电流密度和电场数据。卫星电势可以反映等离子体密度的快速变化,卫星电势越低,则等离子体密度越低,反之亦然[Gustafsson et al. , 2001]。

在密度耗空区卫星电势达到最低,而同时磁场有增强,这与磁场压缩等离子体流出扩散区形成密度耗空区的模拟结果是一致的[Shay et al. , 2001]。磁场的压缩主要体现在垂直于重联平面的分量 B_y 上[如图 3-10(b)]。以总磁场达到最大值的点作为基准进行 Timing 分析,得到电流片的运动速度,电流片沿 $n = (0.39, -0.20, 0.90)$ 方向运动,速度为 472 km/s。这里得到的电流片法向与 Borg 等人 [2005] 估算的结果一致。在已知速度的情况下,我们可以估计耗空区的尺度,约为 2800 km,大约有 4 个当地离子惯性长度,这比先前报道的磁场顶部的密度耗空区要大。值得注意的是,在密度耗空区的边界有反平行电流的增加(达到 35 nA/m^2),而后降到 20 nA/m^2。在整个耗空区内,垂直电流比较小,大约是 10 nA/m^2。

我们发现在密度耗空区存在强电场扰动,幅度达 40 mV/m。在此区域外,电场特别小,表明电场是局域性的。为了比较不同频率的扰动,我们利用小波分析计算了磁场和电场的频谱图。图 3-11(a)是电场和磁场的频谱图,黑线是磁场的频谱图,而灰线表示电场。两根竖线分别是离子回旋频率(f_{ci})和低混杂频率(f_{lh})。高于 3 Hz 的磁场功率谱由于"roll-off"效应并不可靠[Eastwood et al., 2009]。

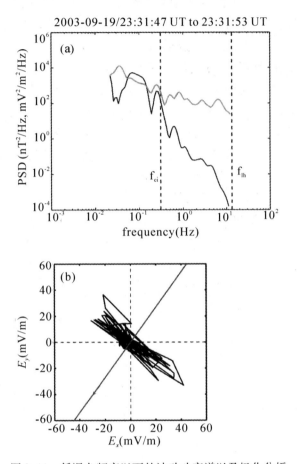

图 3-11 低混杂频率以下的波动功率谱以及极化分析

(a)23:31:47~23:31:53UT 间电场(灰)和磁场(黑)功率谱,两根竖的短划线分别是f_{ci}(灰)和f_{lh}(黑);(b)电场矢量在 x-y 平面内的轨迹,浅灰带箭头的线代表背景磁场方向;图中的数据都来自 SC4。

我们可以看到磁场和电场的频谱在f_{ci}附近分叉,在f_{ci}频率之上,磁场的谱线下降得很快,而电场的频谱比磁场下降得慢,在f_{lh}附近有一个峰值。|$\boldsymbol{\delta E}$|/|$\boldsymbol{\delta B}$|的值很大,表明在f_{ci}和f_{lh}频率之间的扰动是静电的。另外,我们分析了电场的偏振,图 3-11(b)是电场矢量

在 X-Y 平面的轨迹,红色箭头是背景磁场的方向。电场扰动在 X-Y 平面为线性准垂直偏振。因为背景磁场与 X-Y 平面的仰角小于 10°,电场的第三个分量 E_z 无论多大都不会改变其高倾斜偏振的特征。因此我们可以确信:波是线性和高倾斜极化的。

图 3-12(见彩色插页)给出了 Cluster SC1 卫星的 STAFF 仪器测得磁场波动数据频谱和极化分析结果。极化分析是通过磁场分量的频谱矩阵完成的[Samson, 1973;Satonilik et al., 2001]。我们发现在 23:31:50 UT 左右,磁场和电场的频谱都有增强,最大可达到电子回旋频率(f_{ce})处。从 100 Hz 到 f_{ce},波主要是右旋圆偏振的(面板 d,值大于 1 表明是高度可信的右旋圆偏振,而小于 -1 是高度可信的左旋圆偏振)。注意到电子回旋频率是 400 Hz,因此在 f_{ce} 之下的波动是一斜向传播的哨声波,波的传播方向与磁场的夹角约为 30°。

我们进一步研究了电子动力学。图3-13是SC4卫星在观测到

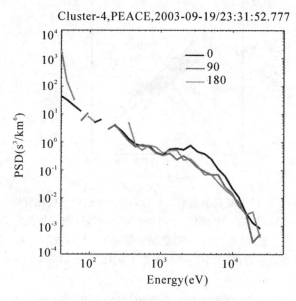

图 3-13　电子向空间分布与能量的函数关系

图中所示的是 SC4 的 PEACE 仪器在 23:31:52 UT 左右测到的电子分布数据;黑线、深灰线和浅灰线分别表示 0°、90°和 180°的投掷角

密度耗空区时测得到的电子分布。电子分布图是由 PEACE 仪器在 SPINPAD 工作模式时测得。平行的速度分布表明在 1 ~ 10 keV 有一个峰,由电子束相对 X-line 的位置和它的速度相对磁场的方向,可推知电子束可能是在分界线出流区的入流电子[Nagai et al., 2001]。另外,他们可能与这里观测到的强的反平行电流有关,该电流是扩散区内 Hall 电流系的一部分。

3.4 总结和讨论

空间等离子体关于无碰撞重联的一个基本问题是什么机制提供了耗散。尽管电流片中有许多等离子体不稳定性,包括无碰撞撕裂模不稳定性和低混杂漂移不稳定性,这些不稳定性对于磁场重联的触发和大尺度发展的作用仍然是有争议的。由于电流片内离子和电子间的相对漂移激发的主要不稳定性有漂移扭曲不稳定性[Zhu and Winglee, 1996]或者离子-离子扭曲不稳定性[Karimabadi et al., 2003a, 2003b]和修正的双流不稳定性。磁场重联试验表明修正的双流不稳定性和高 β 区域的 LHDI 是相似的,它产生的电磁波在电流片内沿电子漂移方向传播,波动是右旋圆极化偏振的哨声波[Ji et al., 2004]。Sitnov 等人[2004]表明强电磁扰动的不稳定性能在受挤压的电流片中存在。这些不稳定性的模式综合了低混杂漂移和飘移扭曲不稳定性的特性。Vaivads 等人[2004]通过分析在磁层顶距重联点有一定距离的区域用 Cluster 卫星的波动仪器测得的接近 f_{lh} 的频率的波动,推断出了这些波的产生机制和强度。Daughton [2003] 发现低混杂漂移不稳定性在电子回旋尺度($k\rho_{ce} \sim 1$)的模式是增长率最大的,该波模被局限在电流片的边缘,并且是准静电的。然而,对波长在电子和离子回旋尺度之间的波模,低混杂漂移不稳定性有较强的电磁分量,并且可以进入到电流片的中心区域。磁场重联试验中,在高 β 的电流片中心区域观测到了频率最高到低混杂频率范围的电磁波动。它们沿磁场倾斜传播,幅度与快速重联率具有正相关性[Ji et al., 2004]。

这里我们报道了磁尾薄电流片附近的重联扩散区域内在磁分离

线上观测到的准静电波,以及在中性片内观测到的电磁波。薄电流片半宽大约为 250 km - 0.4 c/ω_{pi}。观测到的静电和电磁波动的大多数特征和 LHDI 的特性是一致的。这是首次在空间等离子体观测中报道在重联扩散区域内存在 LHDI 的电磁模式,对于研究波动对重联的影响是很有意义的。我们发现在分离线上峰值频率接近于低混杂频率的波动是准静电波,和背景磁场的极化角度大于 70°。当通过 X 线后,半宽为离子惯性尺度的薄电流片被观测到。四颗卫星同时观测到了频率位于质子回旋频率和低混杂频率之间的强电磁波动。它的传播方向和背景磁场的角度大于 85°,并且相应的垂直波长大约是 352 km,接近 $\sqrt{\rho_{ci}\rho_{ce}}$。它的频率的峰值近似当地质子回旋频率的 5 倍,传播方向准垂直于背景磁场,极化主要沿着背景磁场的方向。波的相速度大约是 316 km/s,和投影在传播方向的离子漂移速度 U_{di} ~ 390 km/s 接近。这四颗卫星观测到的波动是高度相关的,相关的长度至少大于卫星之间的间距(250 km ~ $\sqrt{\rho_{ci}\rho_{ce}}$)。观测到的电磁波动不像是漂移扭曲模或者是离子 - 离子扭曲模,因为观测波长远小于理论预测的这些模式的波长 (kL ~ 1, L 是电流片半宽)。而且,频率峰值比质子回旋频率的 5 倍要大,比漂移扭曲模要高很多。

　　有趣的是,在电流片法向坐标下磁场的三个分量的扰动幅度相当,这和磁场重联试验中得到的波模是相似的。动力学模拟表明,在没有导向场时只有磁场的 x 分量有大的波动,在有导向场的情况下磁场的三个分量有相当强度的波动。这个事件里没有确切的证据证明导向场的存在;然而,卫星处于扩散区域内,观测到了强的 Hall 磁场 B_y,它可能扮演导向场角色,影响不稳定性的性质。二维的数值模拟不能解释 LHDI 对于重联的影响,以及重联反过来对不稳定性的反作用 [Daughton, 2003]。因此非常有必要使用真实参数的三维动力学模拟来确认 LHDI 的完整特性。

　　有学者认为存在于电流片边界上的 LHDI 的静电模式可以通过压缩电流片或者导致电子各向异性来提高撕裂模不稳定性的非线性增长率 [Scholer et al. , 2003;Ricci et al. , 2004]。我们使用通过

Vlasov 方程推导出来的计算反常电阻的公式[Silin et al.,2005;Lui et al., 2007],估算出在 23:32:14 ~ 23:32:18 UT 之间由中性片里的电磁波提供的反常电阻,大约是 10^4 Ωm。这样的反常电阻能提供 1 mV/m 的电场,大约是所在时间段平均电场 E_y 的 0.2 倍。尽管这个结果与 Vlasov 模拟获得的数值相比小很多[Silin et al., 2005],但是比在磁层顶观测到的结果要大很多。

重联分界线附近的密度耗空区曾在模拟和观测中报道过,被认为是重联过程的重要部分。Cluster 卫星观测表明在离磁层顶重联区较远处的密度耗空区是一个有着高精细结构和复杂动力学的区域,该区域有丰富的波动和复杂的波粒相互作用。数值模拟预测耗空区应该非常靠近 X 线,比如在重联扩散区内,不过之前并没有在这关键区域内对密度耗空区的细节报道。本章我们研究了在磁尾重联扩散区内密度耗空区的波动及其波粒相互作用。我们的主要发现如下:

1. 密度耗空区对应着磁压达到最大,这与动力学模拟一致。耗空区厚度有 4 个离子惯性长度,大于磁场顶观测到的密度耗空区尺度。

2. 在密度耗空区有强的电场扰动(~ 40 mV/m)。极化分析表明在低混杂频率之下的波动是线性的斜偏振静电波,因此是低混杂波。

3. 在低混杂频率之上,斜向传播的哨声波也被探测到。

4. 伴随这些波动,观测到了在 1 ~ 10 keV 能量范围的平行电子束。通过此区域的电子束可能是 Hall 电流的一部分。

由于观测的时间精度限制,我们很难弄清楚波粒相互作用的细节,但是我们仍可以得到关于波是如何产生以及它们如何影响电子动力学的一些线索。对于产生低混杂波一个可能的不稳定性是 LHDI,在有密度梯度时由退磁化电流可激发该不稳定性[Davidson et al., 1977]。虽然在此密度耗空区退磁化电流很小,但是相对较低的密度表明仍然有较强的退磁化漂移存在,从而激发出 LHDI。另一方面,低混杂波可以由平行电子束激发产生,该电子束可沿着磁分界线形成反平行电流[Vaivads et al., 2004]。

哨声波和电子束同时观测到表明哨声波可能是由于场向电子束产生,所以整个过程可能是:低混杂波是由密度梯度存在时退磁化电流或平行电子束产生的 LHDI 激发。低混杂波在平行方向可以加速电子,进一步地增强电子束,该电子束可能由于回旋不稳定性而激发出哨声波 [Teste and Park, 2009]。

观测到的平行电子束是低混杂(漂移)波加速电子的证据之一 [Cairns and Macmillan, 2005; Shinohara and Hoshino, 1999]。伴随磁场重联的沿着磁力线的高能电子束也有报道 [Retino et al., 2008; Asnes, et al., 2008]。动力学模拟预测电子可以在沿着磁分界线的一对低密度区被平行的直流电场加速 [Drake et al., 2005]。然而,高能电子和沿着分界线的平行电场的直接关系没有得到观测证实。这里我们在重联层分界线靠近 X 线的密度耗空区发现有低混杂波,这种波在某种程度上可以加速电子。由于密度耗空区可以延伸到离重联区很远的区域,因此在重联过程中,在密度耗空区的低混杂波可能是加热电子到高能的一种有效方式。

最后,我们对这个重联扩散区内的低频波动特性做了研究,该重联区存在小的导向场,并且 β 值较高。利用 K 滤波方法,我们获得在低频范围的波矢,发现波是斜向传播的,传播主要沿 y 方向。实测的波模色散关系符合预测的 Alven-Whistler 波,这与数值分析一致。在有强导向场时重联区主要波是哪种,以及它们在重联过程所扮演的角色将在以后的观测和动力学模拟中进一步研究。

第4章 磁场重联零点的三维结构以及相关的波动粒子特征

磁重联是伴随着等离子体中磁能转化为动能和热能的过程,与天体物理中许多重要能量释放过程有关。在磁力线断裂和重新连接的区域里确定磁场结构是改善我们对三维重联理解的关键。由对太阳和其他天体等离子体的观测表明:重联本质上是三维的。本章我们报道了在扩散区里对磁零点结构、动力学效应和相应波动的局地观测。

4.1 磁场三维零点介绍

磁零点是重联的发生地,磁力线在此断开和重新连接。在二维情形下,磁场消失为零的点或为 X 型中性点或为 O 型中性点。三维情形下,磁零点提出至今,六十多年来大多数研究局限在理论与数值模拟范围内,Lau 和 Fin[1990]从理论上对三维磁场零点进行了定义、分类和描述,认为零点可根据其周围磁力线的拓扑结构分为 A 型,B 型,As 型和 Bs 型。Parnell 等人[1996]通过线性分析的方法研究了三维磁场零点的局部结构,发现磁力线结构由四个参数决定。Priest 和 Titov[1996]又根据零点附近磁力线重新连接的方式,提出了重联的三种模式,分别是 spine 重联、fan 重联以及分离线重联。Wang 和 Wang[1996]提出了一种直接的、可靠的探测二维磁场零点的方法,Zhao 等人[2005]将这种方法推广到三维向量空间,Cai 等人[2001]通过三维全粒子模拟将磁尾磁场拓扑结构可视化。Dorelli 等人[2007]根据 Greene[1987]描述的方法追踪零点的轨迹进行磁层顶分离线重联研究。由于磁零点是一个磁场为零的孤立奇异点，在三维空间的测度为零，研究磁零点的三维特性要求至少空间四点的同时测量。由欧空局发射的四颗 Cluster 卫星提供了目前实现这种卫星测量的唯一手段。Xiao 等人［2006；2007］利用微分拓扑学的方法，通过分析欧空局 Cluster 卫星的探测数据，在地球磁尾首次观测到等离子体磁重联的磁零点和磁零点对，这些结果对理解空间和天体等离子体的活动现象非常重要（图 4-1）。He 等人［2008a，2008b］建立了利用四颗卫星磁场和位置数据重构磁场的方法，重构了双零点附近的磁场拓扑位型，并研究了双零点附近的电子动力学特征。他们发现电子能被零点附近的静电场所捕获并加速，在被镜像点反射回来之后形成的电子束能激发出高频静电波。对磁零点的局地研究揭开了磁场重联最核心区域的神秘的面纱，对于研究磁场重联的三维形态有重大意义。

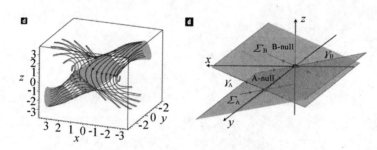

图 4-1　左边为 Cluster 卫星探测到的单零点的卡通结构图
（引自 Xiao et al.，2006）
右边是 Cluster 卫星探测到的 A-B 型零点对的卡通结构图
（引自 Xiao et al.，2007）

4.2　磁场重联零点的三维结构

本节我们通过高斯积分引入了 Poincaré 指数，将其离散化，利用 Cluster 卫星观测数据，研究了地球磁尾磁场重联扩散区中 S 型磁零点结构和特性，并利用球谐函数展开重构了零点附近的磁力线结构。

我们检查了 Cluster 卫星在 2001～2003 年间磁尾的事件,确认了几个发生在扩散区的单零点和多零点结构的好事件。这里我们着重分析 2001 年 10 月 1 日 Cluster 卫星穿越重联扩散区的事件。

在 09:30 ~09:50 UT 这个时间段,Cluster 正位于子夜前的磁尾区域,并数次穿越中性片。在多次穿越中,我们观测到高速等离子体流发生从尾向到地向再到尾向的反转。图 4-2 分别展示了磁场分量 B_x 和 B_z,Poincaré 指数、等离子体流的 X 分量。磁场数据由 FGM 仪器得到,而热离子数据来自 CIS 仪器,高能电子数据由 RAPID 仪器提供。

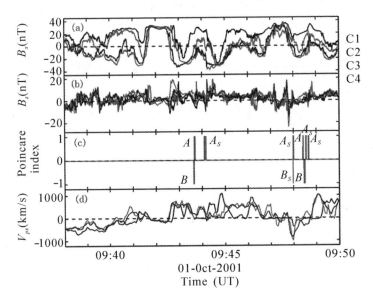

图 4-2　Cluster 卫星在 2001 年 10 月 1 日 09:38 ~03:50UT 之间观测数据图

　图从上至下依次为:(a) 和 (b) FGM 仪器测到的磁场 x 和 z 分量,(c) 通过磁场数据计算得到的 Poincaré 指数,(d) CIS 仪器测到的质子流 x 分量;数据均在 GSM 坐标系下表示。

本事件已经有多位作者从重联的不同角度进行过研究,包括 Hall 磁场 [Runov et al., 2003],静电孤立波 [Cattell et al., 2005;Deng et al., 2006],电子加速 [Imada et al., 2007] 以及零点对 [Xiao et al., 2007] 等。如图 4-2(c) 所示,在多次穿越中性片过程中,我们利

用 Poincaré 指数的方法找到了扩散区附近的一系列磁零点 [Lau and Finn, 1990; Greene, 1988; Zhao et al., 2005]。我们使用了 22 Hz 的高分辨率磁场数据来分析零点的三维结构,并使用线性插值法来确定零点在 Cluster 卫星形成的四面体中的具体位置 [Greene, 1992]。在计算 δB 时的总的相对误差由 $|\nabla \cdot \boldsymbol{B}| / |\nabla \times \boldsymbol{B}|$ 来表示。我们发现 A/As 零点和 B/Bs 零点总是相互临近出现的。数值模拟也发现 A 型零点和 B 型零点经常同时出现在零点簇中 [Dorelli et al., 2007]。

我们分析了零点附近磁场的本征值和本征向量,并估算了多个零点的 spine 线和 fan 平面的相对方位,以此来检查是否存在通过磁分离线彼此连接的正负零点对 [Longcope and Cowley, 1996; Priest and Titov, 1996]。在 09:48:00 UT 附近,卫星穿越中性片时正好发现了 As(正螺旋零点)和 Bs(负螺旋零点)零点,它们的具体参数见表 4-1。注意在螺旋零点附近存在磁场的双极结构。如果两个零点由 fan-fan 平面的交线连接成为一个螺旋零点对,那么一个零点的 fan 平面将会包裹另一个零点的 spine 线。这意味着如果我们将一个零点的 spine 线移向另一个零点的位置,那么此 spine 线将位于后者的 fan 面上。有意思的是,我们从表 4-1 看到,零点 As 的 spine 线垂直于零点 Bs 的 fan 平面的法向向量,即 As 的 spine 线与 Bs 的 fan 平面的夹角几乎为零(大约为 1°)。类似的关系同样存在于 As 的 fan 平面与 Bs 的 spine 线之间,这意味着 As 和 Bs 很可能是一个螺旋零点对。然而,对于螺旋零点来说,spine 线和 fan 平面是剧烈弯曲的,如果两个螺旋零点连接为螺旋零点对,一个螺旋零点的 fan 平面将会在另一个螺旋零点的 spine 线附近卷曲。

图 4-3(见彩色插页)左边显示了 As-Bs 型螺旋零点对的三维磁场结构卡通图 [Cai et al., 2001]。为了分别研究 As 和 Bs 螺旋零点所在位置与另一个零点结构的共面关系,我们使用球谐函数拟合方法 [He et al., 2008a] 重构出了零点附近的磁场。该方法通过匹配 Cluster 四颗卫星同时记录的 12 个磁场分量来求得模型中的 12 组参数。此拟合方法使用了总计 12 个方程,包括了 10 个球谐函数方程和 1 个从 Harris 电流片模型 [Harris, 1962] 得到的方程,以及 1 个常数背景场。我们沿着始于 As 和 Bs 的磁力线来描述这两个零点周围的磁场

结构。图4-3 右边显示了通过此拟合方法得到的09：48：01 UT 时刻零点 As 和零点 Bs 附近的磁场结构。可以看到,在零点 As 和零点 Bs 附近存在着磁力线的螺旋结构。在零点 Bs 附近,Bs 的 spine 线近乎为 As 的 fan 面内的磁力线,As 的 fan 面与 Bs 的 spine 线之间夹角为 2.4°,非常接近于表4-1 中由特征向量估算得到的2°的结果。在零点 As 附近,类似的结果在 As 的 spine 线与 Bs 的 fan 面之间同样被发现,此夹角为 1.3°左右,同样非常接近于由特征向量估计得到的1°的结果。

表4-1 　　　　在 09：48：00 UT 附近 Cluster 卫星探测到的
Bs-As 零点对的几何特征

Time	09：47：58.68 ~ 09：47：58.685	09：47：59.04 ~ 09：48：0.75
Poincare index	- 1	1
type	Bs	As
$\|\nabla \cdot B\|$	0.0027	0.0015
$\|(\nabla \cdot B)/(\nabla \times B)\|$	0.166	0.094
Eigenvalues	$-0.00612,$ $0.00167 + i0.00326,$ $0.00167 - i0.00326$	$0.00661,$ $-0.00330 + i0.00398,$ $-0.00330 - i0.00398$
Eigenvectors	$(0.792 \quad -0.583 \quad -0.181$ $(-0.782\,0.216 - i0.479$ $0.292 - i0166)$ $(-0.782 \quad 0.216 + i0.479$ $0.292 + i0.166)$	$(-0.251 \quad -0.476\ 0.843)$ $(0.788 \quad -0.428 - i0.385$ $-0.007 - i0.218)$ $(0.788 \quad -0.428 + i0.385$ $-0.007 + i0.218)$
Angles estimated locally by linear interpolation	γ_{As} and Σ_{Bs} is 1° γ_{Bs} and Σ_{As} is 2°	

续表

angles obtained from reconstructed fields by fitting method	γ_{As} and Σ_{Bs} is 1.3° at null As
	γ_{Bs} and Σ_{As} is 2.4° at null Bs

　　我们在另外一个时间段也找到了多零点组成的零点簇结构。在 09:48:30 UT 附近,我们确认了一个 A-B-As 型的零点-零点-零点结构。在 09:48:24 UT 时刻 A 型零点的 spine 线与 09:48:28 UT 时刻 B 型零点的 fan 平面是一个共面关系(有 4° 的夹角),而 09:48:28 UT 时刻 B 型零点的 spine 线与 09:48:24 UT 时 A 型零点的 fan 平面也是一个共面关系(3° 夹角)。在 09:48:28 UT 时 B 型零点与 09:48:32 UT 时 As 型零点间也存在着一个非常类似的共面关系(夹角分别为 2° 和 4°)。我们使用线性插值的方法来估算在 Cluster 卫星组成的四面体内零点的位置,并估计了零点的运动以及尺度。在 Cluster 卫星观测到两个零点的时间间隔内,假设当磁场结构(spine 线和 fan 平面)变化不快,磁零点也不消失的情况下,每一个时刻,我们都可以知道四颗卫星的确切位置和其中一个零点的位置及结构,分离线的方向可由两个 fan 平面的法向单位向量的向量积求出。使用这个办法,我们可以得到一组备选的分离线单位向量和一组卫星同零点的距离值。我们发现 A 型零点和 B 型零点的分离线主要在 y 方向上,另外发现 SC2 非常接近 A-B 间的分离线,在 09:48:25.29 UT 这个时刻(此时零点 A 被 Cluster 包围着),此最小距离大约为 19 km;在 09:48:29.055 UT 时刻(此时零点 B 被 Cluster 包围),此最小距离为 21 km,这样的距离是小于电子惯性尺度(~40km)的。He 等人[2008b]利用球谐函数拟合方法重构出了零点附近的磁力线,证实了这个零点对结构的存在,以及 SC2 与分离线间的距离确实非常小。我们还发现这个时间段内分离线结构是相对稳定的。图 4-4(a)展示了 A-B-As 的三零点结构,图 4-4(b)描述了零点和分离线的三维结构以

及四颗卫星的相对位置。注意:在垂直于分离线的平面内,磁场有一个双曲形的 X 型结构。

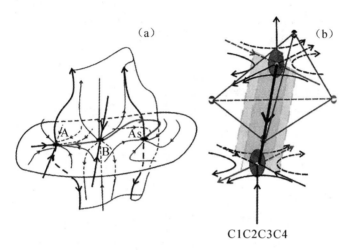

图4-4　分离线重联模型下的三维磁场结构

(a)A-B-As 零点构成的多零点结构卡通示意图,(b)四颗卫星与 A-B 双零点结构的零点以及分离线的相对位置,其中 SC2 卫星与分离线的最小距离仅为 19 km。

4.3　零点附近的波动和粒子特征

本小节我们将对前文提到的 2001 年 10 月 01 日事件中,Cluster 卫星观测到的零点结构附近的波动和粒子特征做详细研究。

图 4-5 是 SC2 和 SC4 卫星观测到的磁零点(c),Bz 的双极结构(b)和高能电子通量增强(d)之间的关系。在零点对附近观测到能量至 100 keV 的高能电子通量的增加。在磁零点处,我们可以看到 Bz 双极结构以及电子通量增强之间存在着紧密的联系。

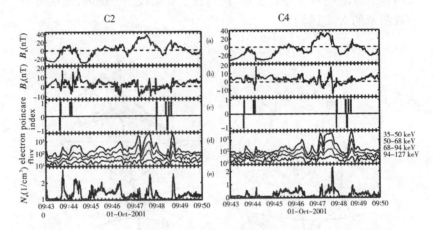

图 4-5　磁零点，Bz 的双极结构和电子通量增强之间的紧密关系

左图为 SC2，右图为 SC4；从上至下分别为：(a) 磁场 x 分量，(b) 磁场 z 分量，(c) Poincare 指数，(d) 35～127 keV 的高能电子通量，(e) 电子密度。

　　图 4-6(见彩色插页)展示了 SC2 在 09∶48∶20～09∶48∶34 UT 时间范围内对场和粒子的观测，这个时间段 SC2 正好穿越分界线并接近连接两个零点的分离线。我们发现，09∶48∶21 UT 时刻附近，卫星在电流片的南部，此时 $B_x < 0$；到 09∶48∶32 UT 时刻附近穿越至电流片北部，$B_x > 0$，有低能电子束向 X 线区域流动，而高能电子束流出 X 线区域(见图 4-6 中的电子分布)。整个观测结果与之前对扩散区的模拟和观测结果是一致的 [Nagai et al. 2001；Deng et al.，2004；Pritchett，2001]。卫星在 09∶48∶25 UT 时刻附近穿越了分离线，我们用红色虚线表示总磁场达到最小值的时刻。

　　在 09∶48∶26 UT 附近，我们观察到了一个伴随着 Hall 电场分量 E_y 的极薄电流片。电流片法线方向为 $n =$ (-0.08，-0.83，0.54)，说明电流片朝 y 方向旋转了一定角度，测量到的电场分量 E_y 则主要沿电流片法向。图 4-6(a) 描绘了 09∶48∶25 UT 时 B_x 由 -10 nT 快速转变为 09∶48∶26 UT 时刻的 5 nT，这与图 4-6(b) 展示的双极 Hall 电场的 E_y 分量由 -40 mV/m 变化至 20 mV/m 是一致的。电流片半展宽为 4～6 c/ω_{pe}。图 4-6(d) 清楚地表明沿分离线存在

一个反平行的电流,这与理论预测的分离线重联的特征是一致的
[Priest and Titov, 1996]。通过入流区等离子体流速与上游 Alfven
速度之比计算得到的快速磁重联率为 0.11,与数值模拟结果相吻合
[Birn et al. 2001]。

在分离线附近,SC2 观测到 35~127 keV 能级的高能电子通量
增加。图 4-7(b)展示了 09:48:20~09:48:24 UT 时间段内,SC2 的
RAPID 仪器测到的能量范围为 35~127 keV 的高能电子通量。我们
检查了整个时间段内的数据,发现能量谱在零点附近变得最硬,暗示
着附近存在高能电子加速过程。图 4-7(f)中的实线和虚线分别是
09:48:25 UT 和 09:48:29UT 时由幂率插值得到的能谱:幂率指数分
别为 -2.2 和 -3.4。

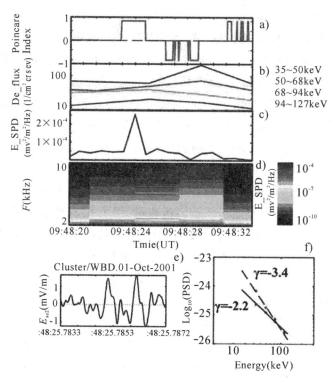

图 4-7　SC2 卫星在 09:48:20~09:48:33UT 间在分离线
附近观测到的电子加速和波动增强

（a）Poincare 指数，（b）RAPID 仪器提供的 35 ~ 127 keV 的高能电子通量，（c）WHISPER 仪器提供的分辨率为 1 s 的总电场功率，（d）WHISPER 仪器提供的高频电场功率谱，（e）WBD 仪器提供电场波形图，（f）通量增强期间得到的高能电子全方位角能谱，实线和短划线分别是在时间 09：48：25UT 和 09：48：29UT 测到的。

Cluster 卫星上的波动仪器组（WEC）[Roux and de la Porte，1988]中的仪器对研究等离子体波动、扰动以及估计这些波动对发生在 MHD 冻结条件已经破坏的薄边界层的反常现象的作用有着很大的帮助。如图 4-7（d）所示，在连接磁零点的分离线上有高频静电波动的增强，由对 WHISPER 的 1 s 分辨率的数据分析发现此处总功率谱密度存在一个峰值[图 4-7（c）]。在扩散区附近还观察到了静电孤立波（ESW）[Cattell et al. 2005；Deng et al. 2005]。图 4-7（e）显示，利用 WBD 仪器的数据，在分离线上首次观测到了类似 ESW 的波形。由 WHISPER 仪器观测到的高频电场扰动有可能是伴随 ESW 出现的宽带静电噪音，这些都与电子动力学有关。

图 4-8（见彩色插页）显示 09：47：40 ~ 09：49：00 UT 这个时间段内，SC2 在磁零点附近观测到的频率 8 ~ 4 kHz 的波的特征[Cornilleau – Wehrlin et al.，2001；Santollk et al.，2003]，其中黑色实线表示电子回旋频率。在零点附近，波动存在着一个从低频到高频[图 4-8（c）~（d）]的增强，并伴随着很大的电场扰动[图 4-8（b）]。在大约 60 Hz 之上我们发现了右旋圆极化的波动，极有可能是哨声波[见图 4-8（e）的红色部分]，[图 4-8（f）]说明在不同的时刻平均 Poynting 矢量既存在平行又存在反平行于磁场的分量，表明这些波是沿不同方向传播的，而不是单色平面波。我们对这段时间间隔内的 EFW 和 FGM 数据进行快速傅里叶变换，从而得到低频功率谱，并结合 STAFF 仪器的高频电磁场功率谱，得到了从低频到高频的整个频段按时间平均的功率谱[Petkaki et al.，2006]。图 4-9（见彩色插页）显示了时间段 09：48：23 ~ 09：48：28 UT 内 SC2 的功率谱，垂直的黄色和黑色短划线分别表示电子和离子回旋频率。由电磁场功率谱幂率关系我们可以确定哨声波的存在。在高 beta 等离子体中，哨声

波的色散关系满足 $\omega \sim k^2$，任意给定一个 $\vec{k}$ 和 $\vec{E}$ 之间的角度，我们发现有 $|\vec{B}|^2 \sim |\vec{E}|^2 / \omega$，这与我们观测得到的功率谱通过线性拟合求得的幂律差值 $\alpha_B - \alpha_E = 1$ 是相吻合的。

最近 Singh［2007］提出由扩散区向外发散的出流区的几何特征是由扩散区内扰动的群速度决定的。只要扰动是由哨声波引起的，那么不管波动的频率或时间尺度怎么改变，出流区的张角都是 19.5°。我们检查了 A-B-As 结构的 fan 平面之间的角度，发现不同零点的 fan 平面之间的夹角为 42 ~ 44°，也就是半锥角为 21 ~ 22°。注意到这个值同发散的磁重联结构中由理论估计到的哨声波的群速度锥角的最大值 19.5°相当接近。

下面我们来讨论零点附近的低频波动。图 4-10(a)和 4-10(b)（图 4-10 见彩色插页）描述了 09:48:10 ~ 09:48:50 UT 之间的由小波转换得到的电场和磁场的功率谱。可以看到在离子回旋频率(f_{ci})和低混杂频率(f_{lh})之间电场和磁场都有较强烈的波动。从图中可以看到，介于 f_{ci} 和 f_{lh} 的磁场和电场能谱在 09:48:20 ~ 09:48:32 UT 区间(对应着零点对周围)，以及 09:48:40 ~ 09:48:45 UT 区间有较大增强。虽说某些区间内低于离子回旋频率的能谱也有增强，但是该增强要么在影响锥之外，要么就是同背景噪声的区分度不高(如 09:48:32 ~ 09:48:42 UT)，因此我们无法认定该频率范围的能谱增强是不是真实的。我们使用 SVD(singular value decomposition)方法［Santolik, 2003］研究了整段时间内波动的传播方向。图 4-10(c)说明了在 09:48:23 ~ 09:48:32 UT 之间，波在频率 f_{ci} 和 f_{lh} 范围内相对于背景磁场 $\boldsymbol{B}_0$ 沿很大的角度(大于 60°)传播。此外，我们详细地检验了 09:48:24 ~ 09:48:30UT 间磁场和电场的波动谱线。此时零点对被四颗卫星所包围，且 SC2 记录下了大的电场波动。图 4-11 显示电场波动在稍低于 f_{lh} 附近出现了峰值(约为 3 Hz)，对应此频率的磁场波动没有明显的变化，说明是个静电扰动。为检验这些介于 f_{lh} 和 f_{ci} 波动是否满足低混杂波的色散关系，我们检验了电场和磁场功率谱的幂律关系。对功率谱使用线性拟合得到了功率谱幂指数值。电场功率谱的幂指数约为 – 0.7，而磁场功率谱幂指数约为

71

-2.1，得到幂律关系 $\alpha_B\text{-}\alpha_E = -1.4$，这是基本符合磁尾中的低混杂波色散关系的［Petkaki et al.，2006］。根据以上的分析，我们认为在 09：48：24 ~ 09：48：30 UT 时段的电磁波增强是同沿分离线的双零点相关的低混杂波。

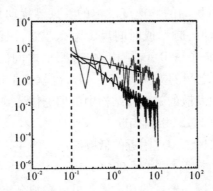

图 4-11　09：48：24 ~ 09：48：30UT 间 SC2 测得的电场和磁场的功率谱线

黑线用来描述磁场功率谱，灰线描述电场功率谱，黑色线近似描述由线性拟合法得到的幂指数关系，两根竖直的短划线分别表示 f_{ci} 和 f_{lh}。

4.4　总结和讨论

我们通过对三维磁场拓扑结构和穿越分离线时的观测到的电子加速以及波动的分析，发现了电子尺度三维分离线重联的实地证据。在这个稀有的事件里，四颗卫星穿越磁尾重联耗散区，位于重联区的不同位置，探测到了从几个电子惯性尺度到离子尺度的多尺度过程。通过直接测量扩散区等离子体入流，得到快速重联率为 0.11。我们在零点附近发现了一个半宽为 $4 \sim 6\ c/\omega_{pe}$ 的极薄电流片。在零点附近，Hall 效应使电子随着磁场运动，导致了大的重联率。零点趋于成对出现，是因为它们是一对一对地由称为分离线的连接线相连。我们们在分离线上观测到的平行电流是分离线重联的明显证据［Priest and Titov，1996］。沿着分离线还伴随着高能电子通量的增强。

三维重联层结构以及电子和离子运动在小空间尺度上的去耦是

非常重要的。磁重联过程中的能量释放必须要求磁力线拓扑结构的改变,需要某种形式的耗散来破坏冻结条件〔Bale et al., 2002; Carter et al., 2002; Drake et al., 2003; Farrell et al., 2002〕。而重联率却跟破坏冻结条件的机制无关,在耗散区附近快速磁场重联主要由哨声波或动力学 Alfven 波来调制〔Deng and Matsumoto, 2001; Rogers et al., 2001〕。

在穿越分离线和薄电流片时,我们由极性和电磁场功率谱谱幂率关系确定了右旋极化的哨声波模。我们发现:零点 fan 平面之间的夹角大小很接近于理论估计得到的哨声波群速度锥角最大值。低混杂波在零点附近的发现则表明,它可能和重联的耗散机制,或者是在零点附近观测到的高能电子加速有关。我们还在分离线附近观测到了静电孤立波,它可能是由电子和离子相对运动引起的 Buneman 不稳定性引起的〔Drake et al. 2003; Matsumoto et al. 2003; Omura et al. 1996〕。对哨声模波,低混杂波和静电孤立波的观测表明:电子运动和波粒相互作用在三维无碰撞重联中起着很重要的作用。磁重联是一个多尺度而且复杂的物理过程,我们的研究提供了初始的结果和一些重要线索。在重联发生处,是什么破坏了冻结条件,重联过程中磁场拓扑结构如何变化,粒子如何被加速,以及波是如何激发以及它们的作用等等问题,都是尚未解决的关键问题。在不远的将来,我们将结合数据分析,新的计算机模拟方法以及未来的卫星计划如 MMS,SCOPE 来解决这些问题。

第5章　电子等离子体幅度调制波的数值模拟研究

在地球磁层磁层顶和尾部的重联区,观测到了幅度高度调制的等离子体波,这种调制波的频率在电子等离子体频率附近,既有平行极化波也有垂直极化波。本章中,我们使用二维的网格粒子(Particle-In-Cell, PIC)模拟来研究这种调制波动的产生机制。我们发现弱电子束不稳定性可以产生调制的 Langmuir 波,而且背景磁场强度对于是否有调制产生起很大作用。另外,当弱电子束带有损失锥分布时,可以导致调制的高混杂波的产生,而且短时间内存在着波动极化方向的转变。我们讨论了这些调制波的性质,并且与卫星观测进行了比较。

5.1　幅度调制波简介

调制的 Langmuir 波和高混杂波在地球磁层的若干重要区域都被观测到,比如磁尾 [Kojima et al. , 1997] 和弓激波 [Gurnett et al. , 1981]等,如图 5-1 所示。Kojima 等人 [1997] 发现调制波经常伴随着电子束一起出现。

一维的粒子模拟研究表明,非线性捕获作用是调制效应产生的主要原因 [Muschietti et al. , 1995, 1996;Akimoto et al. , 1996;Usui et al. , 2005]。不过,一维的数值模拟仅仅研究了平行极化的调制的 Langmuir 波,而对于垂直极化的调制波动并没有做研究。在磁场重联区内也观测到了平行和垂直极化的调制波 [Farrell et al. , 2002;Matsumoto et al. , 2003;Deng et al. , 2004],不过这种波动对重联的作用并不清楚。在本章里,我们使用二维的 PIC 模拟,同时考

74

虑平行和垂直两个分量,研究不同极化的调制波的产生机制。

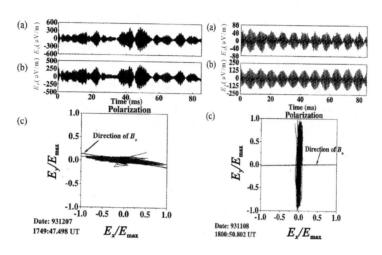

图 5-1 Geotail 卫星观测到的幅度调制波形图

(引自 Kojima et al., 1997)

左图是平行极化的调制波;右图是垂直极化的调制波;(a)和(b)是电场两个分量的波形图,(c)是电场极化图。

5.2 数值模型

最早的粒子模拟模型考虑的是,粒子两两之间最直接的库伦相互作用,此方法最大的问题是所需要的计算其量甚巨。假设我们的模拟系统中有 N 个粒子,那么对于每个粒子都要考虑其与其他 N-1 个粒子的作用,因此总的计算量为 N(N-1)/2,N^2 的计算量级使得我们不可能使用太多的粒子。而 PIC 模拟则极大地减少了运算量,使得计算量级仅为 NlogN,却能最大程度地保留物理过程。PIC 模拟的基本原理和假设是:在无碰撞等离子体中,由于德拜屏蔽的作用,粒子间的长程相互作用可以忽略。PIC 模拟引入了格点的概念,粒子的电荷和运动产生的电流都积累到最近的格点上,而粒子所受的电磁力则由最近的格点插值得到。PIC 模拟的基本流程和所用方程如

图 5-2 所示。其基本计算步骤为:(1)通过 Lorentz 方程推进更新粒子速度,并用更新后的速度推进粒子运动;(2)将粒子的电荷以及电流通过插值的方式积累在附近的格点上;(3)通过 Maxwell 方程求解电场和磁场;(4) 插值格点上的电场和磁场得到粒子的受力。重复以上的步骤即可求得系统随时间的演变。

本文中使用的 PIC 模拟程序改编自 KEMPO1 (Kyoto university Electro Magnetic Particle cOde 1 dimensional) 程序,是由日本京都大学开发的一维电磁粒子模拟程序。我们这里将其扩展到二维,并实现了并行化。该程序的具体流程如图 5-2 所示。KEMPO 程序使用的是周期边界条件,即假设模拟的区域足够大,电磁场在两个边界是连在一起的,而粒子从左(右)边界进去会从右(左)边界进来。其他更复杂的边界条件包括有导体式边界条件、开放式边界条件等,在考虑真实的磁层模型时,常常用到以上更复杂的边界条件。

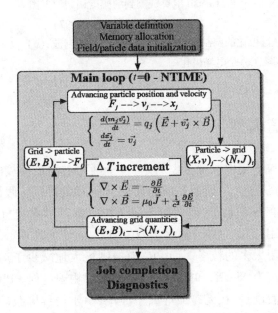

图 5-2　PIC 模拟的基本流程图

PIC 模拟考虑最基本的运动方程,不像磁流体力学和混合粒子模拟那样有许多的假设,所以很适合研究最基本的物理过程。但是PIC 模拟也有其本身的局限性。第一,PIC 模拟中使用的粒子被称为"超粒子",一个超粒子代表了真实空间中许多真实粒子,因为真实空间等离子体中的粒子数目要远远高于目前的计算机能模拟的程度。粒子模拟中数值噪音的程度同 $1/\sqrt{N}$ 成正比,N 是每个格点中的超粒子数。因此,要克服数值噪音,需要使用大量的粒子,需要耗费大量的计算机资源。第二,PIC 模拟考虑的是电子和离子的相互作用,因此所用的格点大小和时间步长都必须能够小到能解析电子的动力学过程,这样就极大限制了粒子模拟的时空尺度。因为一旦要模拟较大的时空尺度,需要的格点数目是惊人的,而为了克服数值噪音需要的大量粒子更是目前计算机所无法实现的,所以目前较大尺度的三维粒子模拟还无法实现。不过,也有人提出了一些办法来改进空间和时间步长的限制,全隐格式的 PIC 模拟就能极大地提高时间和空间步长,能使用较少的计算机时间完成显格式 PIC 模拟需要大量计算机资源才能完成的工作。但是由于全隐格式的 PIC 程序使用的方法非常复杂,编写起来很困难,因此在空间等离子体中使用得并不广泛。

  PIC 模拟在空间等离子体中有着非常广泛的应用,主要用在微观离子体不稳定性、磁场重联等研究,但是由于上面提到的种种限制,PIC 模拟主要讨论的是小尺度区域。下面简单介绍一下我们模拟使用的模型和参数。

  之前的一维模拟已经表明,由弱电子束激发的 Langmuir 波会受非线性捕获的影响而被调制。为了解释观测到的平行调制波动、垂直调制波动,以及这两种不同极化波动之间的快速转化,我们这里使用了二维的 PIC 模拟,边界条件是周期边界条件,背景磁场沿 x 方向。由于我们研究的是静电波,所以采用的是静电模拟程序。我们通过解 Poisson 方程得到电场,然后利用静电场来推动粒子运动。模拟区间的尺度为 $256 \times 256\ \lambda_{de}$,空间步长是 $dr = \lambda_{de}$,时间步长是 $dt = 0.0255\ \omega_{de}^{-1}$,这里 $\lambda_{de} = (\varepsilon_0 k_B T_e)/n_0 e^2)^{1/2}$ 是电子德拜长度,$\omega_{pe} = (n_0 e^2/\varepsilon_0 m_e)^{1/2}$ 是电子等离子体频率。模拟中的物理量都已经归一化,空间长度归一化因子为 λ_{de},时间归一化因子为 ω_{de}^{-1},电场强度归一化因子为 $e/m\omega_{pe}v_{te}$。每个格点我们放置的超粒子数约为 200,总共使用的粒子数超过 10^7。由观测表明调制波的出现和离子动力学无关 [Kojima et al., 1997;Usui et al., 2005],因此这里的模拟离子是作为不动的背景存在的。另外,为了降低数值噪音,我们使用了二阶的形状函数。

5.3　模拟结果

5.3.1　调制的 Langmuir 波

这里我们使用两种成分的电子,一种是弱的束电子,另一种则是相对密度较大的背景电子,这两种成分温度相同,并且呈 Maxwellian 分布。密度之比是 $n_b/n_{e0}=1/49$,n_b 是电子束密度,而 n_{e0} 是总的电子密度。为了研究背景磁场对调制的影响,我们这里使用了两个强弱不同的背景磁场值,分别是 $\omega_{ce}/\omega_{pe}=1$ 和 $\omega_{ce}/\omega_{pe}=0.1$,其中 $\omega_{ce}=eB/m$ 是电子回旋频率。在这两次模拟中,电子束的漂移速度都为 $v_d/v_{te}=8$,其中 v_{te} 是电子热速度。

图 5-3 是在弱磁场条件 $\omega_{ce}/\omega_{pe}=0.1$ 下模拟出的波形图,波形表示的是在格点(128,128)λ_{de} 处,即模拟系统的中心处得到的电场强度随时间的变化。在弱磁场条件下,我们看到电场的平行和垂直分量都有调制,不过电场主要是沿平行方向极化,因为平行分量远大于垂直分量。电场的功率谱表明主要能量集中在电子等离子体频率附近,因此该波模是 Langmuir 波。图 5-4 是在强磁场条件下的模拟波形图。我们看到,电场波形仍然是平行极化,不过垂直分量上已经看不到任何调制,而平行分量的调制波形也明显比在弱磁场情况下弱了很多。从功率谱也看出波动模式同弱磁场情况时的不一样。平行电场分量在 ω_{pe} 时最强,而在 $0.1\sim0.7$ ω_{pe} 也有较强的宽频波动。而垂直分量在 0.5 ω_{pe} 时能量最强。这里 0.5 ω_{pe} 处的波动可能是某种静电模式,我们将在以后做详细的分析。

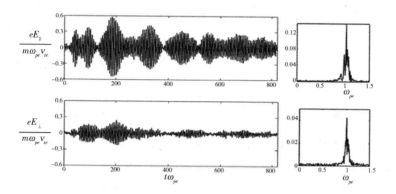

图 5-3　弱磁场条件下得到的调制 Langmuir 波波形以及功率谱

　　图上面的面板是平行方向的电场分量,下面的面板是垂直分量;右边的小面板显示的是功率谱。

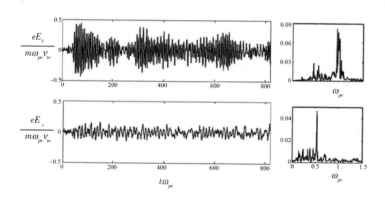

图 5-4　强磁场条件下得到的调制 Langmuir 波波形以及功率谱

图 5-4 波形是在(128,128)λ_{de}处得到的。

　　为了捕获电子来调制电场,电场强度必须足够强(图 5-4)。对弱电子束不稳定性的线性理论分析表明,在强磁场情况下,斜向传播的波模比平行传播的波模增长率要小很多。而当背景磁场较弱时,斜向传播的波模增长率可以和平行传播波模增长率相当[Miyake, 2000]。我们认为,在强磁场情况下,斜向传播的波模的电场强度不足以强到捕获电子,因此也就无法调制波形。为了验证我们的想法,我们开展了另外一次模拟试验。这里我们将电子束的漂移速度设定为 3 ν_{te}，磁场强度满足 $\omega_{\text{ce}}/\omega_{\text{pe}}=0.1$。我们发现不稳定性的增长率没有使用较快的电子束时那么大，电场不足以捕获电子，因此也没有发现任何调制现象。

5.3.2　高混杂波的调制

本小节我们研究垂直极化调制波的产生机制，以及平行极化和垂直极化的快速转换机制。损失锥分布被认为是在远磁尾观测到的高混杂波的产生机制之一［Kellogg and Bale，2004］。这样的分布容易在磁场重联磁场分叉区域附近，以及当磁通量管靠近地球时形成［Vaivads et al.，2006］。这里我们的模型采用了两种电子成分，一种是较低密度的有损失锥分布的电子，另外一种则是较高密度呈各向同性 Maxwellian 分布的背景电子，两种成分的密度之比满足 $n_{\text{loss}}/n_{e0}=1/49$，背景磁场满足 $\omega_{\text{ce}}/\omega_{\text{pe}}=0.1$。

图 5-5 是这次模拟的结果。我们可以看到平行和垂直的电场分量都有调制，而且主要是垂直极化。电场的功率谱表明，电场能量主要集中在电子等离子体频率或者是高混杂频率。由于 $\omega_{\text{ce}}/\omega_{\text{pe}}=0.1$，高混杂频率 $\omega_{\text{uh}}=(\omega_{\text{ce}}{}^{2}/\omega_{\text{ce}}{}^{2})^{1/2}$ 非常接近电子等离子体频率。考虑到这种波动主要是垂直极化，因此该种波动很可能是高混杂波［Farrell et al.，2002］。

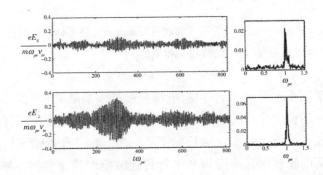

图 5-5　损失锥分布情况下得到的调制高混杂波波形和功率谱图
图 5-5 波形是在 $(128,128)\lambda_{de}$ 处得到的。

80

接下来,我们给予呈损失锥分布的电子成分一个平行方向的 $5V_{te}$ 的漂移速度,图 5-6 是这次模拟的结果。我们发现模拟得到的电场波形很像 Deng 等人［2004］通过 Geotail 卫星在重联区域观测到的调制波波形,而且平行和垂直极化的快速转变在观测和模拟中都得到了体现(图 5-7)。在区间 $(120,160)\omega_{pe}^{-1}$ 之间,我们发现电场主要是垂直极化的。而在区间 $(580,620)\omega_{pe}^{-1}$ 之间,电场主要是平行极化。从垂直到平行极化的转换时间是几百个 ω_{pe}^{-1}。我们代入磁尾的等离子体参数,发现对应的转换时间在磁尾为几百个微秒,这与卫星观测到的转换时间是一致的。

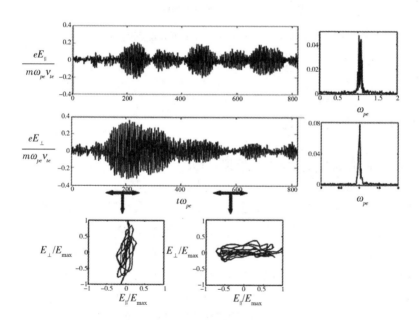

图 5-6　损失锥和弱电子束不稳定性得到的调制波波形、功率图以及极化图
　　图最下面的两个面板是分别在 $(120,160)\omega_{pe}^{-1}$ 和 $(580,620)\omega_{pe}^{-1}$ 间得到的电场极化图。

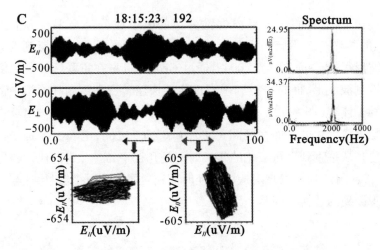

图 5-7　Geotail 卫星在磁场重联区附近观测到的调制波波形、
功率谱和极化图（引自 Deng et al.，2004）

5.4　总结和讨论

我们通过开展二维 PIC 模拟，研究了空间等离子体中的幅度调制波的可能产生机制。平行磁力线的弱电子束激发的不稳定性的非线性发展能够导致幅度调制的 Langmuir 波。当背景磁场比较弱时，斜向传播的波模可以增长到与平行传播波模相当的幅度。而斜向传播波模的调制，就会表现在电场的平行和垂直分量的调制波形上。幅度调制的高混杂波可以由损失锥分布激发。当损失锥分布的电子有沿磁力线平行漂移的速度时，调制的波形可以在短时间内经历平行极化和垂直极化的转变，这些现象都与卫星观测一致。

电场极化的快速转变，可能跟不同极化波模所处的不同捕获相位有关；而相位的不同直接导致了电场平行和垂直分量相位的差异。图 5-8 是电势的 k_x-k_y 谱图。我们发现这里存在好几种不同的波模，相互竞争。在开始的时候，图 5-8（a）中许多不同的波模是同时存在的。此后，图 5-8（b）中准垂直的模式占据主导地位。然后，图5-8

（c）中平行和垂直的模式强度相差不大。最后阶段,图5-8（d）中主要是平行模式占主导地位。粒子在势阱中的弹跳频率可以表示成 $\omega_b = \sqrt{eE_wk/m}$,其中 E_w 是对空间平均之后的电场强度,k 是最不稳定的波模的波矢［Ergun et al.,1991］。由于捕获频率跟波模有关,因此不同的波模它们的调制相位也不相同。

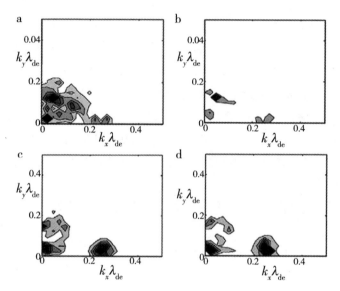

图5-8 四个不同的时刻得到的 $k_x - k_y$ 谱图

（a）$t\omega_{pe} = 51.2$,（b）$t\omega_{pe} = 307.4$,（c）$t\omega_{pe} = 614.8$,（d）$t\omega_{pe} = 819.2$。

第6章 亚暴期间高能粒子注入事件的大尺度动力学模拟

我们在第一章中提到过,高能粒子注入是伴随亚暴最常见的现象之一。几乎每个亚暴事件都能观测到高能粒子注入。一般来说,亚暴注入一般表现为近地空间高能粒子的通量突然增长。不同能级的通量同时增长的注入现象称为无色散注入,反之则是有色散注入。本章我们将结合数值模拟和卫星观测,对2007年3月23日THEMIS多颗卫星和LANL卫星观测到的高能粒子注入事件进行研究。

6.1 亚暴高能粒子注入的研究背景

McIlwain [1974] 将观测到无色散注入的区域称为注入区,注入区的内边界称为注入边界。由于在近地空间粒子有较大的梯度漂移和曲率漂移,而离子和电子的漂移速度方向是相反的,因此离子和电子的注入区会分开 [Birn et al., 1997a]。亚暴期间高能粒子的注入从20世纪70年代开始得到了广泛的研究。观测方面,主要是通过地球同步轨道上的 LANL 卫星、GOES 卫星,以及近磁尾的卫星如 CRESS 等进行。通过分析 CRESS 卫星数据,Friedel 等人 [1996] 认为注入区的范围是 −4.3 ~ −15 RE。Reeves 等人 [1996] 通过分析在地球同步轨道内沿日地连线排列的几颗卫星数据,推算出注入区以 24 km/s 的速度地向运动。

关于亚暴注入的最重要的问题之一就是,粒子是在何处以何种方式被加速的?关于这个问题有许多不同的观点。我们知道对应磁场偶极化有很强的感应电场,因此有学者认为粒子是被偶极化对应的感应电场直接加速的[Aggson et al., 1983]。在近尾电流中断模型中,Lui[1996]提出导致电流片中断的不稳定性可以加速粒子。另外,磁场重联也有可能是高能粒子产生的重要来源之一[Øieroset, et al., 2002]。Li 等人建立了一个地向传播的有偶极化场的电磁模型来解释高能粒子注入,该模型中粒子由于 $E \times B$ 漂移地向运动,在运动过程中通过 betatron 绝热加速获得很高的能量[Li et al., 1998;Sarris et al., 2002]。通过试验粒子模拟,他们发现模拟得到的高能粒子通量与同步地球轨道上的卫星观测到的通量吻合。Zaharia 等人[2002;2004]用解析的方法,在基于 Li 等人模型的基础上同样得到了与卫星观测一致的结果。另一方面,Ashour-Abdalla 等人[2009]运用大尺度动力学模拟对 THEMIS 卫星在亚暴期间近地观测到的高能粒子产生机制进行了研究,他们发现离子主要是通过感应电场加速的非绝热过程获得能量。Birn 等人[1997b;1998;2004]也用了试验粒子模拟的方法分别对离子和电子在亚暴期间的加速机制进行了研究。他们发现电子和离子都主要是在近地(< −10 RE)偶极化区域获得能量,而近尾的磁场重联对加速贡献很小。离子获得能量的过程包括绝热和非绝热加速两部分,而电子基本上是通过绝热加速获得能量。

本章中我们将采用大尺度动力学模拟,跟踪大量粒子在全球磁流体力学(MHD)模拟所得到的电磁场中的运动,研究 2007 年 3 月 23 日 THEMIS 卫星和 LANL 卫星观测到的亚暴高能粒子注入事件。在这个事件中,THEMIS 卫星在午夜前区域沿晨昏方向排开,并且都在地球同步轨道之外。配合 LANL 卫星,使得我们有个绝好的机会研究亚暴注入区在径向和方位角方向的演变。我们研究的主要目的是回答高能粒子是怎样以及在哪里获得能量的。

6.2 卫星观测

2007 年 3 月 23 日 11:00 ~ 11:30 UT,五颗 THEMIS 卫星在午夜前区域在晨昏方向一字排开,如图 6-1 所示。如果没有特殊说明,所有的物理量都在 GSM 坐标系下表示。所有的五颗卫星都在 $Z_{gsm} \approx -0.6$ RE 处。由于 THEMIS A,B 和 D 的位置非常接近,因此在下文中我们用 THEMIS B 来代表其他两颗卫星。

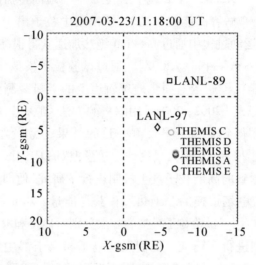

图 6-1　THEMIS 和 LANL 卫星在 2007 年 3 月 23 日 11:18 UT 左右
在 x-y(GSM)平面内的位置

11:10 UT 左右发生了一个主要的亚暴,11:18 UT 左右出现了另一次的增强 [Angelopoulos et al., 2008b]。图 6-2 ~ 图 6-4 所示的是 11:00 ~ 11:30 UT THEMIS B、C 和 E 的磁场、等离子流,高能离子通量和随投掷角的变化。高能离子数据是由 SST 仪器得到的。THE-MIS B 卫星在 11:19 UT 左右观测到了通量的突然增长,这里我们称为"主要注入"。这个主要注入对应着磁场的偶极化,等离子体流的 X 和 Y 分量的突然增长。在主要注入之前,还观测到了几次小的通量增加,而且这些通量增加同磁场 X 分量的变化有对应关系。图中还可以看出高能离子的投掷角主要是在 0 ~ 90°。

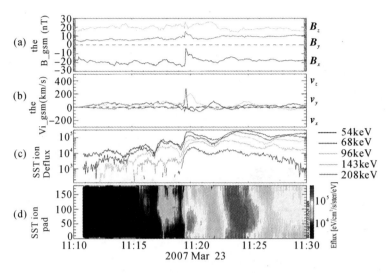

图 6-2　THEMIS B 的观测结果

　　图从上至下为:(a)磁场三分量,(b)等离子体流,(c)高能离子通量(SST),(d)高能离子投掷角分布。

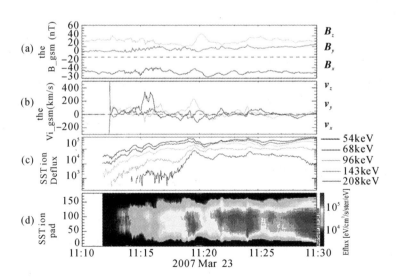

图 6-3　THEMIS C 的观测结果,图中各个面板显示与图 6-2 一致

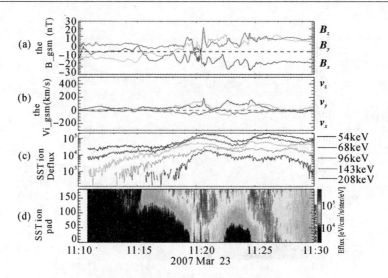

图 6-4 THEMIS E 的观测结果,图中各个面板显示与图 6-2 一致

位于 THEMIS B 晨侧的 C 比 B 早 1 min 也观测到了一个主要的无色散的注入,这个注入对应着 y 方向等离子体流的突然增加。另外,这个注入没有对应明显的偶极化过程,而且高能离子的投掷角主要集中在 90° 左右。在主要注入之后,THEMIS C 也观测到了一些周期性的小的通量增长,Kelling 等人〔2008〕发现这些周期性的注入同极光的调制和地面的 Pi2 脉动一一对应的关系。同样,THEMIS E 在 11:18 UT 左右观测到了有色散的注入,低能部分先增加而高能部分后增加。而且投掷角分布表现出明显的色散性,由反平行分布向各向同性演变。11:20 UT 左右 E 观测到了一个快速的偶极化过程。Angelopoulos 等人〔2008b〕通过对不同卫星粒子和场特征的 Timing 法分析,发现尾部的活跃区域向尾瓣和西向扩展。

6.3 数值模型介绍

6.3.1 大尺度动力学(LSK)模拟

大尺度动力学模拟实际上就是我们通常所说的试验粒子模拟的

一种。因为该方法可以用来研究很大尺度的区域,比如说,模拟整个地球磁尾的粒子动力学特征,所以冠以"大尺度"的称号。大尺度动力学模拟的基本原理是:在已知的电磁场条件下,跟踪大量的试验粒子在电磁场中的运动。已知的电磁场一般由外部模型给出,或者由其他的模拟给出,比如全球 MHD 模拟,因此大尺度动力学模拟并非自洽的。

下面介绍一下跟踪粒子轨道的方法。一般来说,根据不同的问题,选择不同的粒子运动方程。比如跟踪离子运动,一般使用没有任何简化的 Lorentz 方程,而对于电子,由于其回旋半径较小,为了节省运算时间,一般采用近似的导向中心运动方程;不过当电子进入磁场变化剧烈的区域时,由于磁场的变化尺度可能会小于或等于电子的回旋半径,此时要切换到电子的全轨道积分。

LSK 模拟主要有以下几种方式:

1. 前向 Monte-Carlo 法,即沿时间前向积分运动方程,而初始的粒子速度分布是随机生成的,通常是 Maxwellian 分布或 Kappa 分布。最后分析大量粒子的统计特征。此方法最直接,也是使用最多的方式。不过有两个缺陷。第一,由于粒子数目原因带来的统计误差较大。前面介绍 PIC 模拟的时候提到过,粒子数越少,数值噪音越大。因此为了尽可能地减少噪音,需要使用大量的试验粒子。第二,粒子源很难确定。LSK 模拟中,不同的粒子源得到的最后结果一般来说是不一样的。为了得到理想可靠的结果,有时候需要进行大量的尝试,这种寻找粒子源的过程是非常困难的。本章中我们采用的就是这种实现起来较为简单的方法。

2. 前向 Liouville 法,即给定初始的粒子分布,跟踪粒子轨道,通过 Liouville 映射,得到末态时的粒子分布。Liouville 法同前向 Monte-Carlo 法很相似,都是在给定初始粒子分布的情况下前向积分运动方程。不过 Liouville 法的优点在于,由于考虑的是向空间的映射,因此数值噪音远小于 Monte-Carlo 法。

3. 后向 Liouville 法,将末态时的整个相空间细分成许多小的相空间,每个相空间对应一个或多个试验粒子,然后反向跟踪粒子轨道,直到粒子到达初始状态或者边界。在已知初态和边界的分布函数的情况下,通过 Liouville 映射就可以得到末态的分布。这种方法继承了前向 Liouville 法的优点,噪音较小。而且不需要多次尝试去找正确的粒子源,只需要改变初始态或边界的分布函数即可。

由于目前计算机条件的限制,无法开展全球性的全粒子模拟,甚至混合粒子模拟,因此为了研究大尺度的粒子动力学特征,大尺度动力学模拟在空间等离子中得到了广泛应用。早期的 LSK 模拟使用的外部电磁场都是从经验或理论模型得到的,因为当时并没有成熟的全球性磁流体力学模拟。比如,为了研究磁尾等离子体边界层的形成,Ashour-Abdalla 等人 [1992] 就使用了 Tsyganenko 模型得到的磁场,并且加上一个均匀的晨昏向电场。此后,随着计算机技术的发展,以及数值模拟手段的改进,全球性 MHD 模拟得以实现,因此,自 21 世纪开始,LSK 模拟一般都开始采用 MHD 模拟得到的电磁场作为主导试验粒子运动的外部场。而且,LSK 的结果也越来越多地与卫星观测进行对比,一方面保证数值模拟的准确性,另一方面尝试从大尺度上解释卫星观测结果。最近,LSK 模拟在磁层中的主要应用为:研究了 Cluster 卫星在等离子体片边界层观测到的色散性结构 [Ashour-Abdalla et al. , 2005]。另外,Ashour-Abdalla 等人 [2009] 研究了 THEMIS 卫星在亚暴期间观测到的高能离子加速。LSK 模拟也被用来研究地磁暴期间,来自太阳的粒子进入环电流以及等离子体片的过程 [Peroomian and El-Alaoui, 2007] 等。

6.3.2 全球磁流体力学(MHD)模拟

我们这里使用的全球 MHD 模拟,采用在太阳风中的卫星测到的太阳风等离子体和行星际磁场数据作为输入,其中包括了行星际磁场 Bx 的扰动。通过与卫星局地观测数据比较,模拟得到的结果可以较好地反映出磁尾的大尺度动态变化 [e. g. , Raeder et al. , 1995, 1998; El-Alaoui, 2001]。

我们的磁层电离层耦合的三维全球 MHD 模拟程序采用单流体力学方程,考虑太阳风与地球磁层的相互作用。该程序是并行化程序,能在多节点上运行。该程序使用守恒格式的有限差分法求解 MHD 方程的气体动力学部分的初值问题。当模拟磁层亚暴时,由于数值的电阻太小,因此必须引入反常电阻项[Raeder et al., 1995]。模型的电离层部分考虑了电离层电导率的三个来源:太阳超紫外辐射的电离率是使用 Moen 和 Brekke[1993]的经验模型,通过假设在 MHD 模型的内边界层(3.0 RE)有很强的投掷角散射来构造弥散极光散射,同上行场向电流有关的加速电子沉降则是通过 Knight[1973]的方法实现的。

我们使用 Robinson 等人[1987]发展的经验公式,通过平均电子能量和通量来计算电离层电导率。对于我们使用的 MHD 模型的详细介绍,可参考 Raeder 等[1998]。我们注意到 MHD 模拟中,总的电场包括对流电场和电阻提供的电场,即 $E = -v \times B + \eta J$,其中 v 是等离子体流,B 是磁场,J 是电流密度,而 η 是电阻。这里电阻 η 同电流密度的平方成正比($\eta = \alpha J^2$),常数 α 是通过经验得到的,而且远小于 1。为了避免虚假的耗散,我们对电阻项加了一个阈值,使得电阻是当地归一化电流密度的函数。这样的阈值是精心挑选出来的,使得并不是整个模拟区域或者整个小的区域如等离子体片中都有一个均匀的电阻,而是只有在少数的强电流格点上电阻才不为零。

模拟区域的尺度如下:在向阳面有 25 RE,背阳面是 300 RE,然后在 Y 和 Z 方向各有 60 RE。采用如此大的模拟区域的好处是,所有在外边界的流都是超声速流,这就避免了信号从边界上传回来影响模拟区域的物理过程。太阳风磁场、密度、温度和速度都加在模拟区域的入流边界上。模拟使用了约 2×10^6 的格点数。为了在等离子体片中格点分辨率足够高,MHD 方程都是在拉伸的非均匀的直角坐标系下求解的。为了节省存储空间,在研究的时间段场的数据都是按一分钟的时间精度保存的,这样的时间分辨率已经足够解析磁层中的快速变化。

6.3.3 初始条件和归一化处理

初始条件就是设置粒子的初始位置和速度分布。我们首先利用 MHD 模拟的结果,确定每个粒子发射时刻在 X = 0 RE 处磁层顶电流片内边界的位置。然后,确定厚度为 1RE 的距磁层顶内边界 1 RE 处的带状区域,如图 6-5 所示。每分钟都随机地在该带状区域里均匀填满初始温度为 100 eV,初始漂移能量为 100 eV 的来自太阳风的质子 [Ashour-Abdalla et al., 2009],每分钟我们发射的粒子数为 700000。我们从 10:25 UT 开始发射粒子,直到 10:43 UT 为止。Siscoe 和 Kaymaz [1999] 通过分析 IMP-8 卫星数据,发现等离子体幔和等离子体片的粒子在磁层两侧的边界混合在一起。Christon 等人 [1998] 使用 Geotail 卫星发现由等离子体幔和低纬边界层组成的边界层,是磁层顶电流片内的一个连续的带状区域。这里我们发射粒子组成的区域,正好同观测到的边界层相似,因此可以较好地代表连续来自等离子体幔和低纬边界层的粒子。

10:41 UT

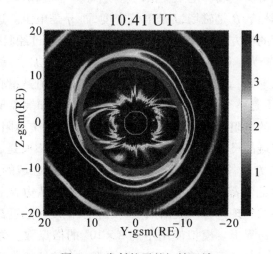

图 6-5　发射粒子的初始区域

背景的颜色代表在 10:41 UT 时刻由 MHD 模拟得到的 X=0 RE 处的总电流密度;根据图中的强电流区域我们确定出磁层顶的位置;图中灰色环形带是发射粒子的初始区域。

推动粒子运动的方程是 Lorentz 方程,我们这里使用四阶的 Rung-Kutta 法来解这个方程。为了把模拟结果同观测相比较,我们在模拟区域中放置了一些虚拟的卫星收集粒子,并且根据进入磁层的太阳风粒子通量将收集到的粒子通量归一化。太阳风粒子通量是根据 MHD 模拟得到的磁鞘中等离子体密度和粒子发射区域内的

MHD 流速的 X 分量求得。我们通过以下公式可以得到粒子能量差分流：

$$J_E = \frac{1}{4\pi A \triangle T \triangle E} \sum \frac{E_i r(t) \triangle t |v_{\perp Li}|}{N \langle |v_{\perp Li}| \rangle} \qquad (6.3.1)$$

这里 A 是虚拟卫星探测区域的面积，ΔT 是探测的时间间隔，ΔE 是能级范围，E_i 是每个粒子的能量，$r(t)$ 是太阳风粒子的进入率，Δt 是发射间隔，N 是每分钟发射粒子的数目，$v_{\perp Li}$ 是垂直于发射面的粒子速度。

6.4　模拟结果

我们的全球 MHD 模拟可以重现这个亚暴过程的许多物理现象，包括磁层和电离层的响应 ［Raeder et al.，2008］。MHD 模拟可以帮助我们了解 THEMIS 卫星探测区域之外的磁层动态。图 6-6 是在最大压力面内的磁场 B_z 分量和等离子体流，这里的最大压力面是背日面中心等离子体片的一个很好近似 ［Ashour-Abdalla et al.，2002］。我们可以看到在 11：10 UT 时，在 $X = -22$RE 处有一个从晨侧延伸至昏侧的 X 线。

在 X 线地向和尾向分别有 B_z 分量和等离子体流的反向。我们看到，在 11：12 UT 时，THEMIS C 处于 B_z 较大的区域，而 THEMIS B 和 E 处在 B_z 较小区域。然后 11：19 UT 时，THEMIS C 所处的磁场 B_z 变化不大，而 THEMIS B 和 E 处出现了磁场的偶极化，这与卫星观测是一致的。

由于 THEMIS 和 LANL 卫星都大致在等离子体片中，因此我们在最大压力面内 THEMIS 卫星和 LANL 卫星的位置放置了若干虚拟卫星来收集粒子。我们收集了所有以卫星为中心，2 RE 为边长的正方形所在区域的粒子，并用公式（6.3.1）得到归一化后的能量差分流。

图 6-7 是观测和模拟得到的能量差分流的比较。这里要提醒的是，我们模拟的只是注入部分的高能粒子，因此没有背景的粒子通量。另外，THEMIS 卫星在 11：10 UT 之前处于慢速扫描模式下，即

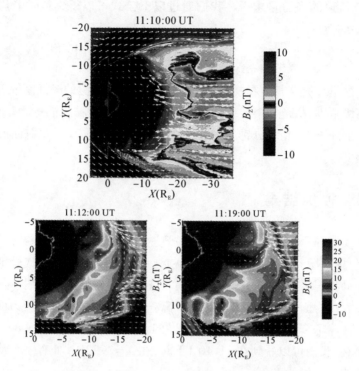

图 6-6　MHD 模拟得到的 Bz 和水平方向的等离子体流在最大压力面上的分布
　　图 6-6 为 11：10 UT 时刻,下面两图分别为 11：12 UT 和 11：19 UT;注意上下图描绘的空间尺度是不一样的。

数据精度在 3 min 左右。可以看到我们的模拟可以重构出观测到注入的主要特征。首先,不同卫星之间观测到的注入的时间差与观测是一致的。模拟中 THEMIS C 在 11：17 UT 左右记录到了一次主要的通量增长,THEMIS B 在 11：18：30 UT 左右记录到了一次主要的通量增长,而 THEMIS E 记录到的是有色散的通量增长,较低能部分在 11：17：30 UT 左右开始增长。LANL-97 在 11：19 UT 左右记录到了大的通量增长。其次,模拟记录的色散特性也与观测一致。模拟中 THEMIS B 和 C 以及 LANL-97 记录的注入都是无色散的,而 THEMIS E 是有色散的,低能级的通量比最高能级（208 keV）的通量提前约 30 秒开始增长。一个有趣的现象是,THEMIS B 和 E 在亚暴触发之

前,11:07 UT 左右记录到了另一次通量增加。这次通量增加持续了
约 5 min 然后减弱。

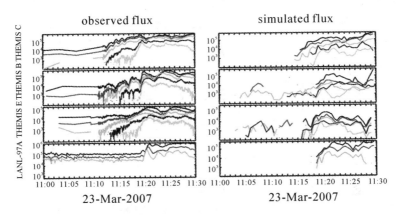

图 6-7 观测和模拟得到的高能离子通量的对比

图左边是观测得到的能量差分流,左边是模拟得到的结果;THEMIS 卫星
对应的 5 个能级通道是:54 keV,68 keV,96 keV,143 keV,208 keV;LANL‒97A
卫星对应的 3 个能级通道是:94 keV,141 keV,210 keV。

为了研究亚暴注入的大尺度演变特征,我们画出了不同时刻
得到的能量差分流在最大压力面内的分布,如图 6-8。在 11:06
UT,一个注入锋面到达了 THEMIS B 和 E 的位置,但是在地球同步
轨道之外,也没有到达 C 的位置。LANL-97 和 LANL-89 没有观测
到这次注入。11:16 UT 左右,另一个注入锋面到达了 THEMIS 的
位置,并且在 11:19 UT 时分扩展到了地球同步轨道。到 11:27 UT
时,注入锋面已经大体上形成。这个锋面在昏侧相对晨侧要扩展
得多一些,因此处于晨侧的 LANL-89 卫星在整个时间段没有观测
到任何注入。亚暴注入的大尺度结构与局地的卫星观测现象也是
一致的。

尽管我们的模拟能够重构出 THEMIS 和 LANL 卫星观测到的高
能粒子通量增强,但是只包含了高能部分的粒子。另外,我们只能模
拟出注入的部分,即没有背景的通量。模拟得到的通量的大小也没
有与观测到的非常一致,原因可能是我们只考虑了来自太阳风的质

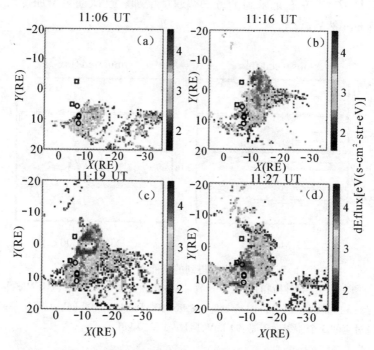

图 6-8　四个不同时间（11:06 UT,11:16 UT,11:19 UT 和 11:27 UT）
能量差分流在最大压力面上的分布

图中圆圈表示 THEMIS 卫星,而方形格子表示 LANL 卫星。

子,而亚暴期间来自电离层的氧离子可能对磁尾等离子体有不可忽
视的贡献［Ashour-Abdalla et al., 2009］。

　　确认我们的模拟是成功的之后,接下来要研究的就是这些高能
粒子是如何产生的,即在哪里以何种方式被加速。图 6-9（见彩色插
页）描绘了到达 THEMIS C 卫星的高能粒子的加速历史。我们随机
地选择了 100 个在 11:18~11:20 UT 间到达 THEMIS C 的能量大于
50 keV 的粒子,并记录下它们的轨道穿越最大压力面时的若干参
数。彩图描绘的是单位时间粒子能量的增加,下面的几个线条图分
别是 kappa 值（kappa 定义为磁场曲率半径同粒子回旋半径之比的
平方根）［Buchner and Zelenyi, 1986］,磁场 B_z,总电场强度和感应

电场强度。黑色圆圈表示的是 THEMIS C 的位置。我们根据这些粒子的轨道,在相邻两次穿越电流片时获得能量的大小,将所有的穿越分成两类。一类是能量增长小于 5 keV/s,另一类是能量增长大于 5 keV/s,在图中分别用不同颜色的线条或柱状条来表示。

从图 6-9(a)可以看到,到达 THEMIS C 的粒子主要在三个区域获得加速。下面我们来分析每个区域的特征。

区域 1:在晨侧位于 $X = -15$ 和 $X = -8$ RE 之间狭长的延伸区域。磁场 $\boldsymbol{B}_z$ 较大(> 20 nT)。粒子主要通过非绝热加速获得能量(kappa < 3)。对于 dW/dt > 5 keV/s 的粒子所受到的总电场要大于 dW/dt < 5 keV/s 的粒子。在此区域感应电场较小(< 0.05 mV/m),说明粒子主要是被势电场加速的。

区域 2:在昏侧位于 $X = -15$ 和 $X = -11$ RE 之间比较局域性的区域。磁场 $\boldsymbol{B}_z$ 的大小与区域 1 相比较小。同区域 1 相似,粒子也是主要通过非绝热加速获得能量。电场的性质也同区域 1 类似,此区域内势电场起主导作用。

区域 3:在 X 线附近,主要是在 X 线的地向侧,因为虽然 $\boldsymbol{B}_z$ 很小,但是主体上大于零。粒子在此区域通过非绝热加速获得能量(kappa < 3)。此区域的感应电场为 $0.05 \sim 0.1$ mV/m,要比区域 1 和 2 大。

对于在 11:18 UT 和 11:20 UT 之间到达 THEMIS B 和 THEMIS E 的粒子,我们也做了同样的分析,如图 6-10 和图 6-11 所示。对于到达 THEMIS B 的高能粒子,主要通过两个区域加速。一个是在 X 线附近的地向侧,粒子在非绝热运动中被较强的感应电场所加速。另一个介于 $X = -17$ 和 $X = -10$ RE 的跨越晨昏的狭长区域,在此区域,粒子在非绝热运动中被势电场加速。对于到达 THEMIS E 的高能粒子,也是主要通过两个区域加速。一个在 X 线附近,地向和尾向分布较为均匀。在此区域,粒子非绝热地被感应电场加速。另一个区域是在 X 线地向几个 RE 的区域,粒子在这个区域也是在非绝热运动中被势电场加速。

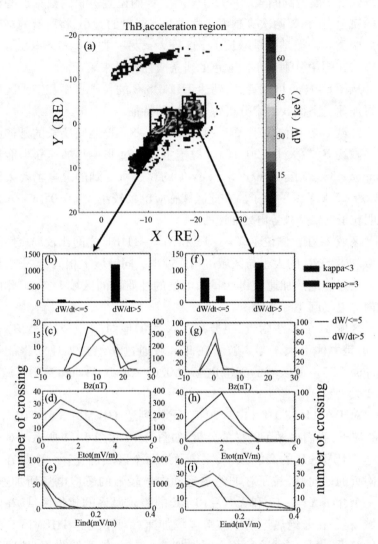

图 6-10　与图 6-9 一样,不过表示的是到达 THEMIS B 的粒子

　　进一步的,我们分析了几个典型的高能单粒子的轨道,以求更好地理解这些粒子的加速机制。图 6-12 描绘的是在 10∶31UT 发射的两个粒子的轨道。这两个粒子是从图 6-9 中的所有粒子中挑选出来的。

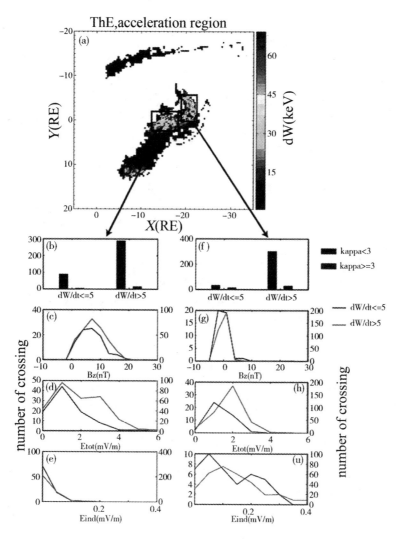

图6-11 与图6-9一样,不过表示的是到达 THEMIS E 的粒子

我们可以清楚地看到,图6-12(a)中的粒子经历了两个步骤的加速过程。在发射的初期,粒子沿着磁力线向尾部运动,同时受 $E \times B$ 力的作用向赤道面漂移,直到遇到中心电流片。11:11~11:12 UT 粒子在中心电流片受到第一次加速。我们计算了沿粒子轨道的 kap-

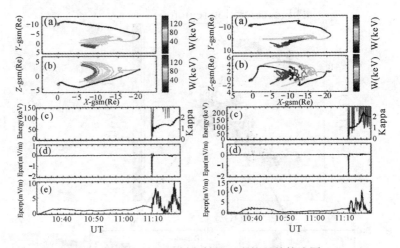

图 6-12　10:31 UT 时刻发射的两个粒子的轨迹图

　　图从上至下依次为:(a)和(b)描绘的是粒子轨道在 x-y,x-z 平面内的投影,其中色彩表示的粒子的动能,(c)是粒子的动能(黑)和 kappa 值(灰),(d)是沿粒子轨道的平行电场,(e)是沿粒子轨道的垂直电场。

　　pa 值,发现在第一次加速过程中粒子的 kappa 远小于 1,说明粒子在做非绝热运动。此粒子在 X = −21 RE 处的重联区受到较强的平行电场(2 mV/m)的加速,快速越过磁尾。此过程中粒子的动能迅速上升到 60 keV。此后电子跑出了加速区并受 $E \times B$ 力的作用地向运动。然后在 11:17 ~ 11:20 UT 粒子经历了第二次加速。此时粒子在上面提到的区域 1 内被垂直电场绝热加速(kappa > 3)。粒子不仅地向漂移,同时也向昏侧漂移。在此过程中,粒子通过 Betatron(磁场强度变大)和 Fermi(粒子沿着做弹跳运动的磁力线变短)加速获得能量。图 6-12(b)描绘的粒子加速过程同(a)类似,也是经历了两次加速过程。首先粒子在重联区被强的平行电场加速后,被弹出做地向漂移。在 X = −15 RE 处,粒子不停地做黄瓜状非绝热运动,来回地穿越电流片。

6.5　总结和讨论

　　高能粒子注入是磁层亚暴一个重要的组成部分,而高能粒子的产生机制则是亚暴注入的一个长期未能解决的问题。本章我们研究了 THEMIS 卫星和 LANL 卫星观测到的一次亚暴注入事件。THE-MIS 卫星在地球同步轨道之外,并大致地沿着晨昏线排列。我们使用全球 MHD 模拟和 LSK 模拟,成功地重构出了 THEMIS 和 LANL 卫星观测到的主要的高能粒子注入。注入锋面在亚暴增强时到达了所有的 THEMIS 卫星和 LANL-97 卫星,并且在径向和晨昏方向扩展。我们的模拟能够重现 THEMIS 和 LANL 卫星主要的观测现象,包括注入到达的时序和注入的色散特性。

　　THEMIS 卫星观测到的高能粒子,不仅仅从磁场较强的偶极化磁场区获得加速,也从磁场重联区被加速。在 X 线附近,粒子主要在非绝热运动中被强的感应电场加速。在 X 线和 $X = -10$ RE 之间存在若干个加速区,在这些区域内粒子也主要是通过非绝热运动被加速。在这些区域内总电场要比 X 线附近大,但是势电场占主导。单粒子轨道表明粒子先被重联电场所加速,然后在磁场较强的区域获得二次加速。我们的研究表明,磁场重联和非绝热加速对亚暴注入事件中离子能量的获得起着不可忽视的作用,这对传统地认为粒子仅仅在偶极化区域被加速,或者认为绝热加速起主导作用的观点是个重要的修正和补充。

第7章 亚暴期间近尾偶极化锋面的特性

本章我们对亚暴期间近中磁尾偶极化锋面的特性,特别是微观物理学过程进行研究。偶极化锋面在亚暴期间经常被观测到,关于它的产生机制以及伴随的微观物理现象并不清楚。这里我们利用THEMIS多颗卫星,分别研究了2008年2月15日,2009年2月27日以及2009年3月15日三个不同事件中,亚暴期间偶极化锋面的特性,尤其是波动和电子特征。其中我们重点研究了2008年2月15日事件。通过对多个偶极化锋面的研究,我们总结出了关于近尾偶极化锋面尺度、波动以及粒子的一些特点。

7.1 偶极化锋面介绍

我们都知道偶极化是磁层亚暴的一个重要的组成部分。一般认为,偶极化是因为越尾电流中断引起的,关于越尾电流中断的产生有两个主要对立的观点。一个观点认为是地向高速等离子体流在近尾减速过程中导致的昏晨向的电流引起的电流中断［Shiokawa et al. ,1997］,另一种观点认为是电流片内部的不稳定性导致的电流中断［Lui, 1996］。

Ohtani 等人［2004］利用 Geotail 卫星数据统计研究了等离子体片中的高速等离子体流(图 7-1)。他们发现在高速流中磁场变得偶极化,而磁场的偶极化锋面之前总伴随着 B_z 分量的突然降低。他们认为这种非对称的 B_z 双极结构是由于卫星穿越多 X 线重联产生的磁岛时的观测结果。最近,使用开放式边界条件的动力学模拟复制出了偶极化锋面的非对称结构［Sitnov et al. , 2009］。他们发现偶

102

极化锋面实际上是动力学尺度的结构,而且是瞬态重联中新发现的区域,并非是之前人们认为的磁岛或等离子体团。这种结构可以像磁通量绳一样随着高速等离子体流地向运动。这样的地向传播的偶极化锋面已经被多颗在尾部一字排开的 THEMIS 卫星所观测到[Runov et al.,2009]。伴随偶极化锋面的波动也有过一些研究。Lui 等人[2009]在偶极化期间观测到漂移驱动的电磁离子回旋波,他们认为该种波动可以最终导致偶极化的产生。高频波动,比如哨声波也在偶极化之前,中间和偶极化之后被观测到过[Le Contel et al.,2009]。

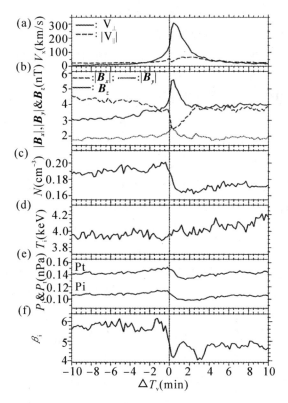

图 7-1　Geotail 卫星对地向流的统计观测结果(引自 Ohtani et al.,2004)

值得一提的是,THEMIS 卫星的高精度粒子和波动数据,使得我们可以研究偶极化锋面的微观物理过程。

7.2 数据介绍

我们使用了以下仪器提供的数据:(1)FGM 提供了 128 Hz 的高精度 DC 磁场数据,(2)ESA 仪器提供了 5 eV ~ 25 keV 的电子和离子分布,数据精度是 3 s,(3)SST 仪器提供了 25 keV ~ 1 MeV 的电子和离子分布,数据精度也是 3 s,(4)EFI 仪器提供两种模式的高精度三维电场,在粒子突发(particle burst)模式下提供的数据精度为 128 Hz,在波动突发(wave burst)模式下提供高达 8192 Hz 的数据,(5)SCM 仪器提供磁场波动数据,精度和电场一致,(6)DFB 仪器提供 0.1 ~ 4000 Hz 范围内六个不同频段的电场和磁场波动的平均幅度。

7.3 2008 年 2 月 15 日事件

2008 年 2 月 15 日 03:55 ~ 04:00 UT,THEMIS 卫星 P3,P4 和 P5 观测到了多个偶极化锋面。此时这三颗卫星位于 X = -10 RE 附近的赤道面上,它们的具体位置分别是:P3 (-10.7, 2.8, -2.6) RE,P4 (-9.8, 3.6, -2.3) RE,P5 (-8.9, 2.9, -2.2) RE,见图 7-2。除了特别提示的地方外,本文中所有的物理量都用的是地心太阳磁层(GSM) 坐标系。

THEMIS 的 AE 指数在 03:30 UT 左右开始增长,持续了 20 min 之后开始回落。在 04:00 UT 前后,AE 指数迅速增长到 600 nT,如图 7-3。AE 指数表明偶极化是在亚暴增强之前被观测到的。

图 7-4 给出的是 THEMIS P4 的一个总体观测结果。首先我们看到在 03:57 ~ 03:58 UT 之间 P4 观测到了两个偶极化锋面,这两个偶极化锋面伴随着一个高速地向等离子体流而来。第一个锋面在流的前缘,第二个锋面在流的后缘。另外可以看到,对应每个锋面,都伴随着密度的突然降低,等离子体压力的降低和磁压的增强,而总压力变化不是很大。这与等离子泡内部的特征是一致的[Chen and

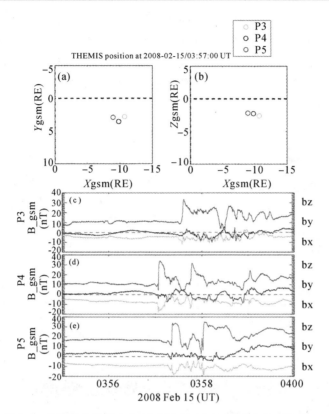

图 7-2　THEMIS 卫星在 2008 年 2 月 15 日 03:57 UT 左右在 x-y
平面(a)和 x-z 平面(b)内的位置，以及(c) P3 观测的磁
场，(d)P4 观测的磁场,(e)P5 观测的磁场

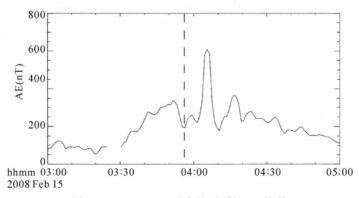

图 7-3　THEMIS 地磁台站测到的 AE 指数

105

Wolf, 1993；Sergeev et al. , 1996]。每个锋面都对应着很强的高能
电子通量增强。对应 15 ~ 200 keV 的电子通量非常迅速地增强,而
15 keV 以下的电子通量有所降低。我们还可以看到,伴随着偶极化
锋面有大的波动增强,频率范围从低于低混杂频率(f_{lh})到高于电子
回旋频率(f_{ce})。

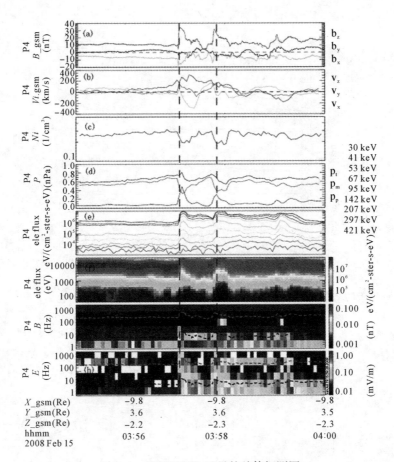

图 7-4　THEMIS P4 卫星的总体探测图

图从上至下依次为:(a)磁场三个分量,(b)离子整体流,(c)离子密度,(d)
磁压(浅灰),等离子体热压(深灰)和总压力(黑),(e)高能电子通量(来自 SST
仪器),(f)热电子通量(来自 ESA 仪器),(g)磁场平均扰动幅度,(h)电场平均
扰动幅度。

7.3.1　偶极化锋面的传播和大尺度结构

这一节我们讨论锋面的传播和大尺度结构。图 7-2(c) ~ (e) 是三颗卫星观测到的磁场分量示意图。这三颗卫星都处在中心等离子片内,因为 B_x 分量都近似为零。两个主要的偶极化锋面相继地穿过了 THEMIS 卫星,表现在 B_z 分量从 10 nT 跳跃到 30 nT。这两个偶极化锋面观测的间隔大约在 50 s。另外一个次要的偶极化锋面在一分钟后也穿过了卫星。这两个主要的偶极化锋面都有偶极化锋面的典型特征,即 B_z 的快速增长之前都有小的降低。通过磁场 B_z 分量的相关性分析可知,这两个偶极化锋面都是地向传播的,这与最近的卫星观测结果是一致的 [Runov et al., 2009]。第一个锋面只是穿过了 P4 和 P5,而没有穿过 P3,第二个锋面穿过了所有的三颗卫星。短时间内多个偶极化锋面的观测,可能跟尾部的间歇式磁场重联有关。

我们用 MVA 方法求得了锋面的法向,发现法向基本上是沿着日地连线方向。这里我们可以假设偶极化锋面是沿日地连线方向运动的,结合互相关性分析和 Timing 方法,我们求出了锋面的运动速度。第一个结构的速度是 324 ± 21 km/s,第二个结构的速度是 420 ± 96 km/s。根据运动速度以及锋面持续的时间,我们可以计算锋面和等离子体泡的尺度,如表 7-1 和 7-2 所示。

我们可以看到锋面厚度在一个到几个离子惯性尺度,这与最近的模拟结果是一致的 [Sitnov et al., 2009]。另外,我们假设锋面是二维的结构,即在 Z 方向是均匀的,我们可以利用在 Y 方向分开的卫星测得的法向的不同求出锋面在 Y 方向的尺度。假设锋面在 X-Y 平面内是圆弧形曲面,利用 Sergeev 等人 [1996] 相似的方法,我们求出了锋面在 Y 方向的尺度,在 4 ~ 6 RE。锋面的大致结构示意图如图 7-5 所示。我们可以看到卫星测得的流速方向与锋面法向基本一致,除了 P5 观测到的第二个锋面有点偏离。这可能是因为靠近地球强磁场区时,强磁压使得等离子体流偏转。

表 7-1　第一个偶极化锋面的法向、尺度以及对应的等离子体泡的尺度

卫星	锋面法向	锋面尺度（di）	等离子体泡尺度 [X,Y]（RE）
P4	[0.94, −0.32, −0.07]	0.7 ±0.05	[1.5, 6.2]
P5	[0.75, −0.60, −0.25]	1.25 ±0.08	
P3	[0.98, −0.15, −0.08]	3.1 ±0.7	[2.5, 4.2]
P4	[0.92, 0.35, 0.12]	1.0 ±0.2	
P5	[0.99, −0.14, 0.03]	1.7 ±0.4	

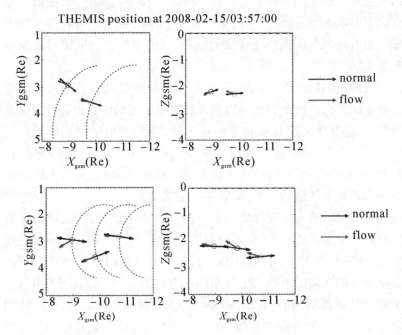

图 7-5　两个偶极化锋面的法向和卫星观测到的流速，
图中虚线是等离子体泡前缘的示意图

108

7.3.2 波动性质

前文中提到伴随着偶极化锋面有很大的波动,从低于 f_{lh} 一直到高于 f_{ce}。磁场扰动主要是在低混杂频率以下,除了在 03:58:00 UT 和 03:59:10 UT 处 100 Hz 附近的电磁哨声波外。而电场扰动的频率范围则广得多,从 f_{lh} 延伸到 f_{ce}。在本节我们将重点分析 P4 卫星观测到的偶极化锋面的对应的两种主要波动。

图 7-6 是对应第一个偶极化锋面的磁场和电场波形图,波形的分辨率是 128 Hz。容易看到,电场和磁场的最大扰动正好是在锋面处。锋面处的电场强度非常大(峰值约在 80 mV/m),而且持续了 1 s 左右。在图 7-4 (h) 中可以看到电场在 f_{lh} 附近有很强的扰动。图 7-6(d) 和 (e) 表示的是在 f_{lh}(~20 Hz)附近 15~30 Hz 的滤波得到的磁场和电场波形。电场在低混杂频率频段有很大的扰动分量,另外磁场扰动在该频段也有增强。我们对磁场使用 MVA 方法求出了波动的传播方向,发现图 7-6(d) 和 (e) 里阴影部分的波形有很高的极化度,传播角约为 85°。

该波动的频率和极化都满足低混杂波的特性。我们还发现这里的低混杂波存在于很大的密度梯度区。另外,我们估算了 y 方向的电流密度 J_y,也可以大致认为是垂直电流,因为磁场主要是沿 z 方向的。J_y 是通过以下公式近似估算出来的: $J_y \approx - \mu_0 \dfrac{\partial B_z}{\partial x} = - \mu_0 \dfrac{\delta B_z}{v_x \mathrm{d}t}$,其中 v_x 是锋面沿 x 方向的运动速度,$\mathrm{d}t$ 是锋面持续时间。估算得到的锋面对应的平均电流为 73 ± 5 nA/m²。因此,这里观测到的低混杂波最有可能是由低混杂漂移不稳定性产生的,这种不稳定性是退磁化电流在密度或温度梯度条件下激发出来的 [Davidson et al., 1977]。我们还发现对应锋面的电场除了含有低混杂漂移波之外,还有强的沿锋面法向的直流电场($n = [0.94, \ -0.32, \ -0.07]$)。通过比较广义欧姆定律中的各项,我们发现 Hall 项$(j \times B)_n / ne$ 可以近似地平衡等离子体静止坐标系下的电场$(E + V_i \times B) n$,如图 7-6 (f)。因此,这个直流电场很有可能是 Hall 电场。

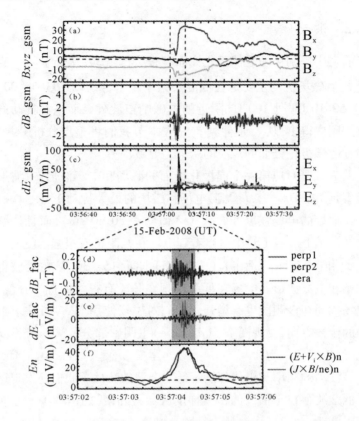

图 7-6 对应第一个偶极化锋面的磁场和电场波形图

图从上至下依次为:(a)直流磁场三分量,(b)和(c)分别为磁场和电场波动波形,(d)和(e)为磁场和电场波动在场向坐标系下的波形,(f)沿锋面法线方向的电场;黑线代表在等离子体静止坐标系下的实测电场;灰线代表 Hall 电场。

　　第二个要重点描述的波动,可以从图 7-3(h)中可以看到,频率在 f_{ce} 之上有明显的电场波动,这些波动都发生在偶极化锋面刚过的时候。由于对应第一个锋面的波动没有波动突发模式(wave burst)的数据,因此我们研究了对应第二个锋面的波动。图 7-7(a)是03:57:48.3 ~ 03:57:48.8 UT 之间的电场功率谱,可以看到功率谱在高频段有多个峰值,分别在 1.1 f_{ce}(f_{ce} ~ 850 Hz),2.2 f_{ce},3.3 f_{ce} 和4.4f_{ce}。最强的谱在 2.2 f_{ce} 处,其次是 1.1 f_{ce} 处的谱,其他两个频率的功率谱就相对来说很小了。这些波动很像是电子回旋谐振（ECH）波。

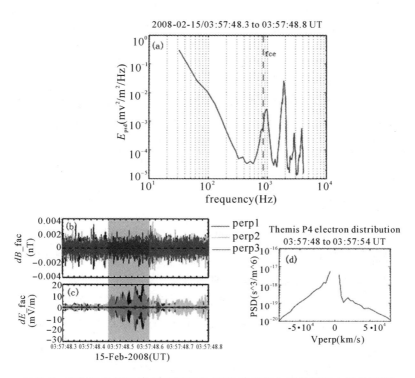

图 7-7 在偶极化锋面附近观测到的 ECH 波动和电子分布自由能的观测

（a）电场功率谱,（b）FAC 坐标系下 800～3000 Hz 的磁场和电场波形,（c）在 $V_{\parallel}$ = 0 处得到的电子向空间分布同垂直速度的关系。

为了确认这些波动,我们分析了它们的极化。图 7-7（b）和（c）是频率在 800～3000 Hz 滤波得到的磁场和电场波形。由于 $|\delta E|/|\delta B|$ 的比值已经大于光速,因此我们认定这些波动是静电波。图 7-7（b）和（c）中阴影部分的波形具有很高的极化度,而且极化方向同背景磁场的夹角非常大,接近垂直。这些特征都表明这些波动是电子静电回旋波。这种波可以由电子垂直速度分布上正的梯度来激发,比如损失锥或环状分布 ［Ashour-Abdalla and Kennel, 1978］。图

7-7(d)描绘的是在 ECH 波动观测到的时候电子垂直速度分布,可以看到电子的垂直速度分布函数在 $v_\perp \approx 1.5 \times 10^4$ km/s 处有正的梯度。我们使用 WHAMP 程序对波动的激发做线性分析。WHAMP 程序通过求解由动力学方程推导出来的介电函数来求得线性假设下波动的色散关系 [Rönnmark, 1982]。这里我们输入的参数都是来自于卫星实际观测,并且用两个相减的 Maxwellian 分布来构造出在垂直速度上有正梯度的分布函数。我们发现在频率 2.3 f_{ce} 和波长 $k\rho_{ce}$ ≈ 6 处有一个极化角与背景磁场成88°的增长的静电波模,因此我们更加确认在这里观测到的 ECH 波是由于电子垂直方向速度存在正梯度所激发的。

7.3.3　电子加速

这一节我们讨论高能电子的特征。从以上的分析我们看到,伴随着偶极化锋面有高能电子通量的增加。电子通量的增加不仅仅是局限在锋面,而是在整个等离子体泡中。对应每颗卫星观测到的等离子体泡都有高能电子通量的增强。上面我们也提到这些等离子体泡都是地向运动的,因此这些携带高能电子的等离子体泡很有可能对亚暴注入有一定的贡献。Li 等人 [1998] 提出过一个亚暴注入的模型,认为一个偶极化的电磁脉冲可以携带粒子往地球运动,在这个过程中,粒子由于 Betatron 加速获得能量。Cluster 卫星在等离子片的边界观测到了亚暴电子注入和偶极化的一一对应关系 [Apatenkov et al., 2007]。他们推测注入锋面在赤道面内的运动速度为 200 ~ 400 km/s,我们这里通过几颗在赤道面内的卫星算出了近似的结果。之前的模型和观测都只考虑了电子的绝热加速,但是有观测表明亚暴过程中绝热加速并不能够提供足够的能量给电子 [Wu et al., 2006]。在这个事件里,由于有多颗不同的卫星观测到了同一个等离子体泡,因此我们可以通过比较不同卫星之间观测到的电子能量的变化,来推断电子经历的是绝热还是非绝热加速过程。图 7-8 描绘的是总磁场,电子温度和密度随时间的变化。THEMIS P3 和 P4 的数据都随时间平移到 P5 同一观测时间下,这样方便我们比较不同卫星的电子温度和密度。

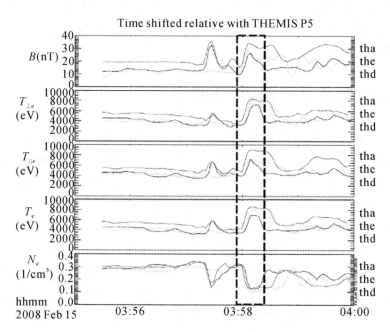

图 7-8 THEMIS 三颗卫星的总磁场,电子温度和密度随时间的变化图

图从上至下依次为:总磁场,电子垂直温度,电子平行温度,电子总温度以及电子密度。

首先仅仅考虑绝热加速过程。在绝热条件满足的情况下,电子的温度要满足以下条件:$\frac{<mv_\perp^2>}{B} = \frac{T_\perp}{B} = const$,$T_\parallel l^2 = const$,其中 l 是磁力线长度。由于等离子体泡从一颗卫星传播到另外一颗卫星的过程中,可能有电子的损失和补充,再加上等离子泡内部电子分布是可能不均匀的,因此以上的条件很难满足。不过我们还是找到了两个时刻对应的垂直电子温度变化是满足第一绝热不变条件的,即 P4 和 P5 观测到的第二个偶极化锋面结构。因此我们可以合理地认为对应这两个时刻,两颗卫星观测到的是同样的电子成分。这样一来,它们之间平行温度的变化也应该满足第二绝热不变条件。然而我们

113

通过 MHD 模拟计算了通过这两颗卫星磁力线长度的变化,发现平行温度的变化不满足绝热条件。那么最有可能的原因就是电子的加热过程并非是绝热的,前文观测到的等离子体波动很有可能破坏或者影响了电子的加热过程。

7.4　2009 年 2 月 27 日事件

THEMIS 卫星在 2009 年 2 月 27 日也通过多颗卫星,观测到了偶极化锋面的传播,它们的微观物理特征与前文提到的锋面物理特征也比较类似。不过这个事件中锋面是通过在日地连线上相距 10 RE 之远的多颗卫星所观测到的。下面我们来看看这里观测到的偶极化锋面的具体特征。

2009 年 2 月 27 日,THEMIS 卫星处于主要的联合观测期。THE-MIS 5 颗卫星在 $X = -20RE$ 至 $X = -11RE$ 区间从尾部到地向,按照 P1,P2,P3,P4 和 P5 的顺序依次排开。在 07:48 ~ 07:56 UT,四颗卫星观测到了一个地向传播的偶极化锋面,锋面的运动速度约为 300 km/s,锋面的尺度大约为一个离子惯性长度[Runov et al., 2009]。在观测到偶极化锋面的同时,也观测到了离子和电子密度的降低和温度的增长,波动的突然增强以及高能电子通量增加,如图 7-9(见彩色插页)所示。

我们看到,这里观测到的电子通量特征与 2008 年 2 月 15 日事件类似,都是高能部分(>2 keV) 通量增长,而低能部分通量降低(<2 keV)。对应着锋面有平行和垂直方向电场的突然增强,垂直分量远大于平行分量。锋面正好是磁压和热压剧烈变化的边界层[Runov et al., 2009]。由于 P3 和 P4 位置非常接近,这里就用 P3 作为代表。有意思的是,处于不同区域的 P1,P2 和 P3 所观测到的离子温度各向异性特征不同。离地球较远的 P1 和 P2 观测到的是离子垂直温度大于平行温度,而离地球较近的 P3 观测到的温度几乎是各向同性的。电子温度的差异同离子温度相似。P1 和 P2 卫星观测到的也是电子垂直温度大于平行温度,而 P3 观测到

的是平行温度大于垂直温度。电子温度的差异可以从电子通量的投掷角分布看出来,如图 7-10 所示,不同的面板代表不同的能级范围。首先我们可以明显地看到对应着锋面,低能部分电子通量的突然降低以及高能部分电子通量的增加。其次,P1 和 P2 卫星对应的高能电子能谱主要是煎饼状的分布,即垂直分布的电子多于平行分布的电子。而 P3 卫星探测到的高能电子除了在垂直方向通量较大之外,在平行和反平行方向也有较大通量。考虑到这三颗卫星观测到的是同一个结构,这说明等离子体泡中的电子分布在传播过程中随时间在演变。

最后,我们来看看对应着锋面的波动情况。跟 7.3 节提到的事件类似,锋面处有很大的波动增强。特别是,离地球较远的两颗卫星(P1 和 P2)跟离地球较近的两颗卫星(P3 和 P4)所观测到的波动是不同的,如图 7-11 所示。P1 和 P2 卫星都在锋面附近观测到了哨声波,而 P3 和 P4 没有。线性分析表明电子垂直温度大于平行温度的各向异性分布可以激发哨声波,这里哨声波的产生与观测到的电子温度特征是一致的。

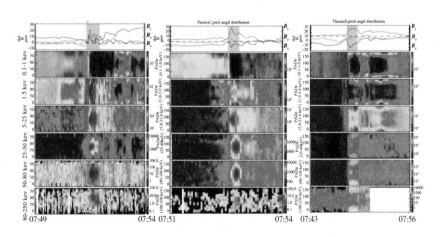

图 7-10　从左至右依次为 P1,P2 和 P3 卫星观测到的电子投掷角分布

图顶部的面板是磁场三个分量,依次往下为不同能级的电子投掷角分布,对应的能级分别为 0.1 ~ 1 keV, 1 ~ 5 keV, 5 ~ 25 keV, 25 ~ 50 keV, 50 ~ 80 keV, 80 ~ 250 keV。

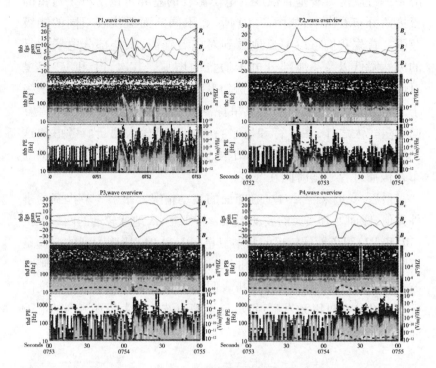

图 7-11　四颗卫星 P1,P2,P3 和 P4 观测到的背景磁场以及磁场和电场功率谱图

7.5　2009 年 3 月 15 日事件

2009 年 3 月 15 日,THEMIS 卫星处于主要联合观测期。在 08:47～08:52 UT 间五颗卫星都观测到了偶极化锋面,THEMIS 卫星的位置如图 7-12 所示。P1 和 P2 卫星在尾部 −13 RE 处,而其他三颗卫星在 x 方向的位置很接近,约为 −11 RE。此时由 THEMIS 地面观测台站测得的 AE 指数达到 1000 nT 左右。

根据卫星间的相对位置以及探测到锋面的时间差,我们可以大致估算出锋面的传播速度,大约为 350 km/s,地向传播,这与上面两个事件里观测到的锋面传播方向是一致的。下面我们以 P1 为例,简单了解一下锋面附近的微观物理过程。

116

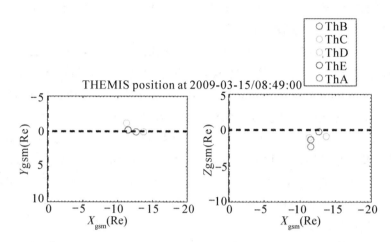

图 7-12　2009 年 3 月 15 日 08:49 UT 时 THEMIS 卫星的位置示意图

图 7-13(见彩色插页)是 P1 卫星的总体观测图。我们看到对应着锋面,有以下几个显著的特征:密度的突然降低,高能电子通量的增加以及从低频到高频的波动增强。这些特点都和以上两个事件中观测到的偶极化锋面特征一致。而电子通量的特点也很类似,那就是高能电子通量增加,而低能部分通量降低。图 7-13 的最后两个面板显示的是磁场和电场波动的平均幅度,其中可以看到正对应着锋面处在 200 Hz 上下有电磁波动增强。在这个时刻 P1 正好处于波动突发模式,通过对该数据的分析,我们发现对应的波动增强正是哨声波。P2 卫星也恰好在锋面处观测到了哨声波,而其他三颗卫星都没有在锋面处观测到哨声波的存在。

7.6　总结和讨论

通过对以上三个偶极化锋面事件的分析,我们研究了偶极化锋面对应的粒子和波动特性。我们得到的主要结论如下:

1. 这些偶极化锋面都伴随着高速等离子体流地向传播,并且在等离子体泡的前缘。这些等离子体泡都有着相对于背景等离子体较高的磁压,较低的热压以及较高的高能电子通量。估算得到的偶极化锋面的传播速度为 200~400 km/s,宽度为 1~3 个当地离子惯性长度。而等离子体泡的尺度在 2~6 RE 不等。

2. 伴随着偶极化锋面有很大的波动增强。其中一些锋面是很薄的边界层,对应着强的越尾电流。我们对其中一个偶极化锋面对应的强电场分析发现,电场是由 LHD 波和 Hall 电场组成;其中 LHD 波是由退磁化电流在密度或温度梯度存在的条件下激发产生的。

3. 在锋面附近还观测到了一些高频的电子回旋波动——ECH 波以及电子哨声波。ECH 波可能是由电子的垂直速度分布函数的正梯度激发的。而哨声波的产生机制还不太清楚,因为哨声波能够在等离子体中传播很远的距离而不损耗,因此要确定哨声波的产生源区是比较困难的。

4. 对同一个锋面的电子温度在不同时间和地点的观测表明,绝热加速不足以提供电子获得的能量,因此波粒相互作用必须在电子加速中起一定作用。

5. 偶极化锋面在传播过程中,在不同区域表现出来不同的电子和离子分布的不同特征。

我们注意到,在 2008 年 2 月 15 日的事件中,近地(~+10 RE)的几颗卫星观测到了 ECH 波;而在其他事件中,离地球较远(< −12 RE)的几颗卫星都观测到了哨声波,而其他卫星都没有观测到哨声。这些波动的空间分布似乎有着某种规律,我们接下来将对这种规律进行多事件的统计分析。

通过分析 THEMIS 高精度的波动和粒子数据,我们确认了锋面的多种波模,包括 LHD 波、ECH 波和电子哨声波。ECH 波不仅可以通过和共振电子相互作用把能量转移给共振电子,也能随机地加速非共振电子[Farrell et al., 2003]。LHD 波也能够平行地加速电子。另外,LHD 波也被认为是触发亚暴的可能的微观不稳定性之一[Lui, 2004]。在偶极化锋面观测到的这些波动,对理解亚暴注入期间的电子加速以及电流片中断机制都有深远的意义。

第8章　总结和展望

地球磁尾是地球磁层的一个重要组成部分,了解磁尾的一些重要物理现象的过程和产生机制,可以帮助我们更好地了解我们地球所处的空间环境,提高空间天气预报的准确性和应付空间天气灾害的能力。另一方面,地球磁尾又是一个天然巨大的等离子体实验室,通过对其中一些重要物理现象的研究,可以帮助我们了解等离子体物理的基本过程,帮助指导等离子体试验,如 tokamak 试验等。

本文主要探讨了地球磁尾的动力学过程,从动力学的角度研究了磁场重联微观过程,以及对应磁层亚暴的几个主要现象。以下是对本文主要工作的总结:

1. 对 2003 年 9 月 19 日 Cluster 卫星穿越磁场重联扩散区事件的波动进行了详细研究。我们通过分析 Cluster 卫星波动数据,在重联扩散区内薄电流片附近的磁分界线上发现了静电模式的低混杂漂移波,而在中心电流片高 β 区发现了电磁模式的低混杂波,这是首次在重联扩散区内观测到低混杂漂移波的电磁模式。通过多卫星干涉法,我们得到了电磁扰动的色散特性,发现与理论预测的电磁模式的低混杂漂移波一致。我们估算了低混杂漂移波提供的反常电阻,发现不能够平衡实测的电场,但是,反常电阻的大小远大于在磁层顶耗散区内得到的结果。另一方面,利用 K 滤波法,我们估算了该事件中 X 线地向流高 β 区低频波动的色散关系,发现得到的是斜传播的波模,波动主要沿 y 方向传播,色散关系同理论预测的 Alfven-Whistler 波模接近,该波模被认为是在高 β 重联层中的主导波模。另外,Cluster 卫星在该事件中还探测到了扩散区内在分界线上的密度耗空区。该密度耗空区内存在复杂的波粒相互作用,存在有低混杂波和哨声波,并伴随有平行电子束,其中低混杂波可能对重联过程中电子的加速起一定作用。

2. 对 2001 年 10 月 1 日 Cluster 卫星探测到的多磁零点的结构以及附近的波动和粒子特征进行了详细研究。我们利用高斯积分得到的 poincare 指数,确认了重联耗散区内包括 Bs-As, A-B-As 多零点结构的存在,并结合线性拟合和球谐函数拟合方法研究了零点附近磁力线的结构。我们发现,这些零点对都是两两之间通过分离线连接在一起的,且零点间的相互结构关系满足分离线重联的特点。另一方面,零点、B_z 的双极化结构以及电子通量增加有一一对应的联系。在 A-B-As 零点结构附近,发现了尺度在几个电子惯性长度的薄电流片。离磁分离线的距离仅为电子惯性尺度的 SC2 卫星,还探测到了高能电子通量增加以及最硬的电子能量谱。在磁分离线附近测到的电流密度方向正好与背景磁场反平行,说明这个零点结构是分离线重联产生的。另外,我们在该多零点结构附近通过传播和极化分析,以及电磁场功率谱幂律关系确认了哨声波和低混杂波的存在,还发现了类似静电孤立波的波形,说明这里发生了多尺度的物理过程。这些宝贵的观测结果都对揭开三维磁场重联的核心耗散区域的物理过程有重大意义。

3. 利用二维 PIC 模拟,研究了空间等离子体中观测到的电子幅度调制波的产生机制。我们发现,弱电子束不稳定性可以激发调制的 Langmuir 波,并且背景磁场的大小对于调制现象的产生有重要影响。另外,垂直极化的调制波很可能是由损失锥不稳定性产生的高混杂波。如果呈现损失锥分布的电子有平行方向的漂移速度,则会导致调制波动出现平行和垂直极化的转换。我们的模拟结果很好地解释了 Geotail 卫星在磁场重联区附近观测到的调制波极化特性,在短时间内快速转变的原因。

4. 使用全球磁流体力学和大尺度动力学模拟,结合 THEMIS 和 LANL 卫星观测,研究了亚暴期间近地空间高能离子注入事件。通过追踪大量粒子在 MHD 模拟得到的电磁场中的运动,我们研究了 THEMIS 卫星在 2007 年 3 月 23 日在近尾观测到的高能离子注入事件。模拟能够重现 THEMIS 和 LANL 卫星主要的观测现象,包括通量增长的时序和色散特性。THEMIS 卫星观测到的高能粒子不仅仅通过磁场重联获得加速,也从距 X 线地向若干个地球半径的区域获得能量。在 X 线附近,粒子主要在非绝热运动中被强的感应电场加速。在 X 线和 $X = -10$ RE 之间存在若干个加速区,在这些区域内粒子也主要是通过非绝热运动被加速。在这些区域内总电场要比 X 线附近大,但是势电场占主导。单粒子轨道表明粒子先被重联电场所加速,然后在磁场较强的区域获得二次加速。我们的研究表明,磁场重联和非绝热加速对亚暴注入事件中离子能量的获得起着不可忽视的作用,这对传统地认为粒子仅仅在偶极化区域加速,或者认为绝热加速起主导作用的观点是个重要的修正和补充。

5. 用 THEMIS 卫星观测,研究了偶极化锋面的微观物理过程。THEMIS 卫星在 2008 年 2 月 15 日,在近尾约 $X = -10$ RE 的区域内观测到了多个偶极化锋面,这些锋面都处于地向传播的等离子体泡的前缘,这些等离子体泡都伴随着很大的高能电子通量增长和波动增强。我们仔细研究了其中一个锋面的微观物理现象,发现该锋面尺度在离子惯性尺度上,而且对应很强的垂直电流。对应着锋面有很大的电场,这个电场主要包括直流分量的 Hall 电场,以及低混杂漂移波的波动电场。低混杂漂移波很可能是由于退磁化漂移电流在存在密度或温度梯度的情况下激发的。我们还在锋面附近发现了大幅度的电子静电回旋波,这些回旋波很可能是由电子垂直速度分布上的正向梯度所激发的,这是首次将电子静电回旋波同偶极化锋面联系在一起。我们这里观测到的低混杂漂移波和电子静电回旋波都有可能对电子加速起重要作用。另外,我们还分析了 THEMIS 多颗卫星在 2009 年 2 月 27 日观测到的偶极化锋面事件。从 $X = -20$ RE 到 $X = -11$ RE 一字排开的四颗卫星观测到了同一个地向传播的锋面。我们发现离地球较远的 P1 和 P2 卫星观测到的电子和离子温度各向异性特征与离地球较近的 P3 和 P4 卫星不同。离地球较远(< -15 RE)的两颗卫星还在锋面观测到了哨声波,而其他卫星没有观测到。我们还对 2009 年 3 月 15 日 THEMIS 卫星观测到的多个偶极化事件进行了研究,发现锋面对应着高能电子通量增加,波动增强与上面的两个事件类似。有意思的是,与 2 月 27 日事件相似,离地球较远的 P1 和 P2 卫星都观测到了哨声,而靠近地球的几颗卫星

没有。这些现象说明,偶极化锋面在传播过程中,在不同区域表现出不同的特征。

　　等离子中能量释放和转化过程是磁层物理,甚至天体物理中重要问题之一,涉及一系列重要物理现象,如高能粒子的产生、磁层亚暴等。能量的释放和转化包含从电子尺度到 MHD 尺度的多尺度物理过程,这也是未来的卫星计划如 MMS 和 SCOPE 等需要去解决的问题。而对我们接下来的工作将继续结合卫星观测和数值模拟,尝试从几个不同的方面去解决这个问题:

　　1. 卫星观测表明,在多磁零点附近有高能电子通量的增长,这是否意味着电子是在零点附近被加速的? 如果是,那么零点附近的电磁场结构是如何影响电子运动的? 解决这个问题最好的手段当然是三维全粒子模拟,但是目前的计算机资源不能满足需要,因此我们将尝试用试验粒子模拟的手段来研究电子在分离线重联中的动力学特征,并与 Cluster 卫星的观测结果进行对比。

　　2. 低混杂波/低混杂漂移波到底能在多大程度上加速电子? 尽管有不少学者认为低混杂波能够加速电子,是重联中高能电子产生的主要机制之一。我们的观测也在重联层以及偶极化锋面同时,观测到了低混杂漂移波和电子加速迹象。但是对于低混杂波对电子的加速作用没有一个较明确的理论支持,而在观测上想证明低混杂波对电子的加速也很困难。另外,我们还在偶极化锋面观测到大幅度的电子静电回旋波,这个波动是不是能加速电子? 如果能,能在多大程度上提供电子能量? 因此,我们打算用 PIC 模拟来研究低混杂波以及电子静电回旋波对电子加速的作用。

　　3. 偶极化锋面的产生机制、波动特征,以及和电子注入的关系。关于这个问题,我们的研究表明:偶极化锋面实际上是厚度为离子惯性尺度的薄电流片,而且对应着较大幅度的波动增强和能量电子通量增加。首先,离子惯性尺度的偶极化锋面是如何产生的? 偶极化锋面对应的高能电子到底是从何而来,这些电子是不是对亚暴注入起很大的贡献? 另外,我们初步观测表明:偶极化锋面的电子离子分布以及波动,似乎在磁尾的不同区域显示出不同的特征,这些差异是如何而来的? 为了尝试回答以上问题,我们首先将利用 THEMIS 多颗卫星观测,对偶极化锋面的波动特征,以及对应的电子通量做统计分析,并结合开展大尺度动力学模拟,来研究锋面高能电子的加速机制。

参 考 文 献

[1] Akimoto, K. , Y. Omura, and H. Matsumoto, Rapid generation of Langmuir wave packets during electron beam-plasma instabilities, Phys. Plasmas, 1996,3:2559

[2] Angelopoulos, V. , et al. , bursty bulk flows in the inner central plasma sheet. J. Geophys. Res. ,1992: 4027.

[3] Angelopoulos, V. , et al. , Multipoint analysis of a bursty bulk flow event on April 11, 1985, J. Geophys. Res. , 1996,101 (A3) , 4967-4989.

[4] Angelopoulos, V. , The THEMIS Mission, *Space Sci. Rev.* , doi: 10. 1007/s11214-008-9336-1, 2008.

[5] Angelopoulos, V. , et al. , First results from the THEMIS mission, Space Sci. Rev. , 2008,141(1- 4):5 -34, doi:10. 1007/s11214-008-9378-4.

[6] Apatenkov, S. V. , Sergeev, V. A. , Kubyshkina, et al. , Multi-spacecraft observation of plasma dipolarization/injection in the inner magnetosphere, *Ann. Geophys.* ,2007,25: 801-814.

[7] Ashour-Abdalla, M. , and C. F. Kennel, Nonconvective and Convective Electron Cyclotron Harmonic Instabilities, *J. Geophys. Res.* , 1978,83(A4):1531-1543.

[8] Ashour-Abdalla, M. , L. M. Zelenyi, J. M. Bosqued, et al. , Precipitation of fast ion beams from the plasma sheet boundary layer, Geophys. Res. Lett. 1992, 19(6): 617 .

[9] Ashour-Abdalla, M. , M. El-Alaoui, F. V. Coroniti, et al. , A new convection state at substorm onset: Results from an MHD

study, Geophys. Res. Lett. , 2002,29(20):1965, doi:10.1029/
2002GL015787.

[10] Ashour-Abdalla, M. , J. M. Bosqued, M. El-Alaoui, et al. , A
stochastic sea: The source of plasma sheet boundary layer ion
structures observed by Cluster, J. Geophys. Res. 2005, 110:
A12221, doi:10.1029/2005JA011183 .

[11] Ashour-Abdalla, M. , J-M. Bosqued, M. , El-Alaoui, et al. , A
simulation study of particle energization observed by THEMIS
spacecraft during a substorm, J. Geophys. Res. , in press,
2009.

[12] Asnes, A. , M. G. G. T. Taylor, A. L. Borg, et al. , Multi-
spacecraft observation of electron beam in reconnection region, J.
Geophys. Res. 2008, 113: A07S30, doi: 10. 1029/
2007JA012770.

[13] Aulanier, G. , DeLuca, E. E. , Antiochos, S. K. , et al. , The
topology and evolution of the Bastille day flare. *Astrophys. J.*
2000,540: 1126 .

[14] Auster, H. U. , Glassmeier, K. H. , Magnes, et al. , The THE-
MIS fluxgate magnetometer, Space *Sci. Rev.* , doi: 10. 1007/
s11214-008-9365-9, 2008.

[15] Baker, D. N. and Stone, E. C, Observations of energetic electrons
(E≥200 keV) in the Earth's magnetotail: Plasma sheet and fire-
ball observations, *J. Geophys. Res* 1977, 82: 1532- 1546 .

[16] Bale, S. D. , F. S. Mozer and T. Phan, Observation of lower hy-
brid drift instability in the diffusion region at a reconnecting mag-
netopause, *Geophys. Res. Lett.* 2002, 29(24): 2180 .

[17] Bale, SD, Kellogg, PJ, Mozer, FS, et al. , Measurement of the
electric fluctuation spectrum of magnetohydrodynamic turbu-
lence. , Phys Rev Lett, 2005,94: 215002-215002, DOI: 10.
1103/PhysRevLett . 94:215002.

[18] Balogh, A. et al. , The Cluster magnetic field investigation:

Overview of in-flight performance and initial results. *Ann. Geophys.* 2001, 19, 1207.

[19] Baumjohann, W. , et al. Characteristics of high-speed ion flows in the plasma sheet. J. Geophys. Res. , 1990: 3801 .

[20] Birn, J. , et al. , Substorm ion injections: Geosynchronous observations and test particle orbits in three-dimensional dynamics MHD fields, J. Geophys. Res. 1997, 102: 2325.

[21] Birn, J. , et al. , Substorm electron injections: Geosynchronous observations and test particle simulations, J. Geophys. Res. 1998, 103: 9235.

[22] Birn, J. , Drake, J. F, Shay, M. A, et al. , Geospace environment modeling (GEM) magnetic reconnection challenge. J Geophys Res,2001, 106:3715 .

[23] Birn, J. , M. Thomsen, M. Hesse, Electron acceleration in the dynamic magnetotail: Test particle orbits in three-dimensional magnetohydrodynamic simulation fields, Phys. Plasma, 2004, Vol 11, No. 5.

[24] Biskamp, D. , Magnetic Reconnection in Plasmas. Cambridge: Cambridge University Press, 2000.

[25] Bonnell, J. W. , et al. , The electric field instrument (EFI) for THEMIS,*Space Sci. Rev.* 2008, 141 (1-4): 303-341, doi:10. 1007/s11214-008-9469-2 .

[26] Borg, A. L. ,M. Øieroset, T. D. Phan, et al. , Cluster encounter of a magnetic reconnection diffusion region in the near-Earth magnetotail on September 19, 2003, Geophys. *Res. Lett.* , 32, L19105, doi:10. 1029/2005GL023794, 2005.

[27] Büchner, J. and Zelenyi, L. M, Regular and chaotic charged particle motion in magnetotaillike field reversals, 1, Basic theory of trapped motion, J. Geophys. Res. 1989, 94:11 821-11 842.

[28] Cai, D. S. , Li, Y. T. , Ichikawai, T. , et al. , Visualization and criticality of magnetotail .eld topology in a three-dimensional

particle simulation. *Earth*, *Planets Space* 2001 53: 1011 .

[29] Cairns, I. H. and McMillan, B. F, Electron acceleration by lower hybrid waves in magnetic reconnection regions, *Phys. Plasmas*, 2005 12:102110, doi:10. 1063/1. 2080567.

[30] Cao, J. B. , et al. Joint observations by cluster satellites of bursty bulk flows in the magnetotail. J. Geophys. Res. , 2006: 4026.

[31] Carter, T. A. , et al. , Measurement of lower-hybrid drift turbulence in a reconnecting current sheet, *Phys. Rev. Lett.* 2002a, 88: 015001 .

[32] Carter, T. A. , et al. , Experimental study of lower-hybrid drift turbulence in a reconnecting current sheet, *Phys. Plasmas*, 2002b, 9: 3272.

[33] Cattell, C. A. , et al. , ISEE 1 and Geotail observations of low-frequency waves at the magnetopause, *J. Geophys. Res.* 1995, 100: 11823.

[34] Cattell, C. et al. , Cluster observations of electron holes in association with magnetotail reconnection and comparison to simulations. *J. Geophys. Res.* 110, A01211, doi: 10. 1029/2004JA010519, 2005.

[35] Chaston, C. C, Johnson, J. R. , Wilber, M. , et al. , Kinetic Alfvén Wave Turbulence and Transport through a Reconnection Diffusion Region, *Phys. Rev. Lett.* , Volume 102, Number 1,9, 2009.

[36] Chen, C. X. , and R. A. Wolf, Interpretation of high-speed flows in the plasma sheet, *J. Geophys. Res.* 1993, 98: 21409.

[37] Chen L J, et al. Observation of energetic electrons within magnetic islands. Nature phys. doi:10. 1038/nphys777, 2007.

[38] Christon, S. P. , et al. , Magnetospheric plasma regimes identified using Geotail measurements 2. Statistics, spatial distribution, and geomagnetic dependence, *J. Geophys. Res.* , 1998, 103 (A10): 23 521-23 542.

[39] Coppi, B. , G. Laval, and R. Pellat, Dynamics of the geomagnetic tail, *Phys. Rev. Lett.* , 1966, 16: 1207.

[40] Cornilleau-Wehrlin et al. , First results obtained by the Cluster STAFF experiment. *Ann. Geophys.* 2001,21: 437-456 .

[41] Daughton, W. , Electromagnetic properties of the lower-hybrid drift instability in a thin current sheet. *Phys. Plasmas*, 2003, 10: 3103.

[42] Daughton, W. , Lapenta, G, Ricci, P. ,Nonlinearevolution of the lower-hybrid drift instability in a current sheet. Phys Rev Lett, 2004, 93: 105004.

[43] Daughton, W. , J. Scudder, and H. Karimabadi, Fully kinetic simulations of undriven magnetic reconnection with open boundary conditions, Phys. Plasmas , 2006, 13(7), 072101.

[44] Davidson, R. C. , et al. , Effects of finite plasma beta on the lower-hybrid-drift-instability. *Phys Fluids* , 1977, 20: 301.

[45] Deng, X. H. and Matsumoto, H, Rapid magnetic reconnection in the Earth's magnetosphere generated by whistler waves. *Nature*, 2001, 410: 557-559.

[46] Deng, X. H. , H. Matsumoto, H. Kojima, et al. Geotail encounter with reconnection diffusion region in the Earth's magnetotail: Evidence of multiple X lines collisionless reconnection? J. Geophys. Res. , 109, A05206, doi:10. 1029/2003JA010031,2004.

[47] Deng, X. H. et al. , Observations of electrostatic solitary waves associated with reconnection by Geotail and Cluster. *Adv. Space Res.* 2006 37: 1373-1381.

[48] Deng, X. H. , M. Zhou, S. Y. Li , et al. , Dynamics and waves near multiple magnetic null points in reconnection diffusion region, *J. Geophys. Res.* , 114, A07216, doi: 10. 1029/ 2008JA013197, 2008.

[49] Dorelli, J. C. , Bhattacharjee, A. and Raeder, J, Separator reconnection at Earth's dayside magnetopause under generic

northward interplanetary magnetic field conditions. *J. Geophys. Res.* 112, A02202, doi:10.1029/2006JA011877, 2007.

[50] Drake, J. F., M. Swisdak, C. Cattell, et al. Formation of Electron Holes and Particle Energization During Magnetic Reconnection, Science, 2003, 299: 873-877.

[51] Drake, J. F., M. A. Shay, W. Thongthai, et al. Production of energetic electrons during magnetic reconnection, Phys. Rev. Lett., 94, doi:10.1103/PhysRevLett.94.095001, 2005.

[52] Drake, J. F., M. Swisdak, H. Che, et al. Electron acceleration from contracting magnetic islands during reconnection, Nature, 2006, 443: 553 556, doi:10.1038/nature05116.

[53] Dungey, J. W., Interplanetary Magnetic Field and the Auroral Zones, Phys. Rev. Lett. 1961, 6, 47 48.

[54] Dunlop, M. W., A. Balogh, K.-H. Glassmeier, et al. Four-point Cluster application of magnetic field analysis tools: The Curlometer, *J. Geophys. Res.*, 2002, 107(A11): 1384, doi: 10.1029/2001JA005088.

[55] Eastwood, J. P. et al., Observations of multiple X-line structure in the Earth's magnetotail current sheet: A Cluster case study. *Geophys. Res. Lett.* 32, L11105, doi:10.1029/2005GL022509, 2005.

[56] Eastwood, J. P., T.-D. Phan, F. S. Mozer, et al. Multi-point observations of the Hall electromagnetic field and secondary island formation during magnetic reconnection, J. Geophys. Res., 112, A06235, doi:10.1029/2006JA012158, 2007.

[57] Eastwood, J. P., Phan, T. D., Bale S. D., et al., Observations of Turbulence Generated by Magnetic Reconnection, *Phys. Rev. Lett.* 102, 035001, 2009.

[58] El-Alaoui, M., Current disruption during November 24, 1996, substorm, J. Geophys. Res., 2001, 106: 6229.

[59] Ergun, R. E., C. W. Carlson, J. P. McFadden, et al. Obser-

vation of electron bunching during Landau growth and damping, J. Geophys. Res. , 1991, 96 (A7): 11371-11378, doi: 10. 1029/91JA00658.

[60] Farrell, W. M. , M. D. Desch, M. L. Kaiser, et al. The dominance of electron plasma waves near a reconnection X-line region, Geophys. Res. Lett. , 2002, 29 (19): 1902, doi: 10. 1029/2002GL014662.

[61] Farrell, W. M. , M. D. Desch, K. W. Ogilvie,et al, The role of upper hybrid waves in magnetic reconnection, *Geophys. Res. Lett.* , 2003 , 30(24): 2259, doi:10. 1029/2003GL017549.

[62] Finn, J. M. , Magnetic reconnection null point, *Nature Phys.* , 2006, 2:445-446. Formisano, V. and Kennel, C. F. Small amplitude waves in high-β plasmas. J. Plasma Phys. 1969,3: 55-74.

[63] Frey, H. U. , Phan, T. D. , Fuselier, S. A. ,et al. , Continuous magnetic reconnection at Earth's magnetopause, Nature, 2003, 626: 533-537.

[64] Friedel, R. H. W. , A. Korth, and G. Kremser, Substorm onsets observed by CRRES: Determination of energetic particle source regions, J. Geophys. Res. , 1996, 101: 13 137.

[65] Giovanelli, R. G. , A Theory of Chromospheric Flares, nature , 1946,158: 81-82.

[66] Gosling, J. T. , R. M. Skoug, D. J. McComas, et al. Direct evidence for magnetic reconnection in the solar wind near 1 AU, J. Geophys. Res. , 110, A01107, doi: 10. 1029/2004JA010809, 2005.

[67] Greene, J. M. , Geometrical properties of 3D reconnecting magnetic fields with nulls. J. Geophys. Res. , 1988,93: 8583-8590.

[68] Greene, J. M. , Locating three-dimensional roots by a bisect ion method. *J. Comput. Phys.* , 1992,98: 194-198.

[69] Gurnett, D. A. , J. E. Maggs, D. L. Gallagher,et al. , Para-

metric interaction and spatial collapse of beam-driven Langmuir waves in the solar wind, J. Geophys. Res. , 1981, 86: 8833.

[70] Gustafson, G. , et al. , EFW instrument for CLUSTER, in The CLUSTER and Phoenix Missions, edited by C. P. Escoubet, C. T. Russell, and R. Schmidt, Springer, New York, 1997:31.

[71] Gustafsson, G. , et al. : First results of electric field and density observations by CLUSTER EFW based on initial months of operation, Ann. Geophys. ,2001,19: 1219-1240.

[72] He, J. -S. , et al. , A magnetic null geometry reconstructed from Cluster spacecraft observations, J. Geophys. Res. , 113, A05205, doi:10. 1029/2007JA012609,2008a.

[73] He, J. S. , Zong, Q. G. , Deng, X. H. , et al. , Electron trapping around a magnetic null, Geophys. Res. Lett, doi: 10. 1029/ 2008GL034085, 2008b.

[74] Hesse, M. , K. Schindler, J. Birn,et al. The diffusion region in collisionless magnetic reconnection, Phys. Plasmas , 1999, 6: 1781.

[75] Hoshino, M. , T. Mukai, T. Terasawa, et al. Suprathermal electron acceleration in magnetic reconnection, J. Geophys. Res. , 2001, 106: 4509-4530.

[76] Hoshino, M. , Electron surfing acceleration in magnetic reconnection, J. Geophys. Res. , 110, A10215, doi: 10. 1029/ 2005JA011229, 2005.

[77] Imada, S. et al. , Energetic electron acceleration in the downstream reconnection outflow region. J. Geophys. Res. 112, A03202, doi:10. 1029/2006JA011847, 2007.

[78] Ji, H. , S. Terry, M. Yamada, R. Kulsrud,et al. Electromagnetic Fluctuations during Fast Reconnection in Laboratory Plasma. Phys. Rev. Let, 2004, 92: 115001.

[79] Johnstone, A. D. , et al. : PEACE: A plasma electron and current experiment, Space Sci. Rev. , 1997, 79: 351-398.

[80] Karimabadi, H. , W. Daughton, P. L. Pritchett, et al. Ion-ion kink instability in the magnetotail: 1. Linear theory, *J. Geophys. Res.* , 2003a, 108(A11): 1400, doi:10. 1029/2003JA010026.

[81] Karimabadi, H. , P. L. Pritchett, W. Daughton, et al. Ion-ion kink instability in the magnetotail: 2. Threedimensional full particle and hybrid simulations and comparison with observations, *J. Geophys. Res.* , 2003b, 108 (A11): 1401, doi: 10. 1029/2003JA010109.

[82] Keiling, A. , et al. , Correlation of substorm injections, auroral modulations and ground Pi2, Geophys. Res. Lett. , 35, L17S22, doi:10. 1029/2008GL033969, 2008.

[83] Kellogg, P. J. , and S. D. Bale, Nearly monochromatic waves in the distant tail of the Earth, J. Geophys. Res. , 109, A04223, doi:10. 1029/2003JA010131, 2004.

[84] Khotyaintsev, Yu. , Vaivads, V. A. , Retinò,A:, et al. , Formation of the inner structure of a reconnection separatrix region, *Phys. Rev. Lett.* , 2006, 97: 205003, doi: 10. 1103/PhysRevLett. 97. 205003.

[85] Knight, S. , Parallel electric fields, Planet. Space Sci. , 1973 21: 741.

[86] Kojima, H. , H. Furuya, H. Usui, et al. Modulated electron plasma waves observed in the tail lobe: Geotail waveform observations, Geophys. Res. Lett. , 1997, 24: 3049.

[87] Labelle, J. A. , and R. Treumann, Plasma waves at the dayside magnetopause, *Space Sci. Rev.* , 1988, 47: 175.

[88] Lau, Y. -T. and Finn, J. M. , Three-dimensional kinematic reconnection in the presence of field nulls and closed field lines. *Astrophys.* J. , 1990, 350: 672.

[89] Le Contel, O. , Roux, A. , Robert, et al. , First results of the THEMIS search coil magnetometers, *Space Sci. Rev.* , doi: 10. 1007/s11214-008-9371-y, 2008.

[90] Le Contel, O. , Roux, A. , Jacquey, et al. , Quasi-parallel whistler mode waves observed by THEMIS during near-earth dipolarizations, *Ann. Geophys.* , 2009, 27: 2259-2275.

[91] Li, X. , D. N. Baker, M. Temerin, et al. Simulation of dispersionless injections and drift echoes of energetic electrons associated with substorms, *Geophys. Res. Lett.* ,1998, 25: 3763.

[92] Lin, R. P. et al. , RHESSI observations of particle acceleration and energy release in an intense solar gamma-ray line flare. *Astrophys. J.* 595, L69-L76 ,2003.

[93] Liu, W. L. , X. Li, T. Sarris, et al. Observation and modeling of the injection observed by THEMIS and LANL satellites during the 23 March 2007 substorm event, *J. Geophys. Res.* , 114, A00C18, doi:10. 1029/2008JA013498, 2009.

[94] Longcope, D. W. and Cowley, S. C. , Current sheet formation along three-dimensional magnetic separators, *Phys. Plasmas* , 1996 ,3: 2885-2897.

[95] Longcope, D. W. , Topological Methods for the Analysis of Solar Magnetic Fields, *Living Rev. Solar Phys.* , 2005, 2: 7.

[96] Lui, A. T. Y. , C. -L. Chang, A. Mankofsky, et al. A crossfieldc urrenti nstabilityf or substorme xpansions J. , *Geophys. Res.* , 1991, 96: 11389.

[97] Lui, A. T. Y. , Current disruption in the Earth's magnetosphere: Observations and models, *J. Geophys. Res.* ,1996, 101: 13067-13088.

[98] Lui, A. T. Y, Potential Plasma Instabilities for Substorm Expansion. Onsets, *Space. Sci. Rev.* ,2004, 113: 127-206.

[99] Lui, A. T. Y. , Y. Zheng, H. Re`me, et al. Breakdown of the frozen-in condition in the Earth's magnetotail, *J. Geophys. Res.* , 112, A04215, doi:10. 1029/2006JA012000, 2007.

[100] Lui, A. T. Y. , P. H. Yoon, C. Mok, et al. Inverse cascade feature in current disruption, *J. Geophys. Res.* ,113, A00C06,

doi:10. 1029/2008JA013521,2008.

[101] Ma Z. W. , Bhattacharjee A. , Hall magnetohydrodynamic recon-
nection: The Geospace Environment Modeling challenge, JOUR-
NAL OF GEOPHYSICAL RESEARCH,106 (A3) ,2001, 106:
3773-3782.

[102] McFadden, J. P. , C. W. Carlson, D. Larson,et al. The THE-
MIS ESA plasma instrument and in-flight calibration, *Space Sci.
Rev.* ,2008, 141: 277- 302.

[103] McIlwain, C. , Substorm injection boundaries, Magnetospheric
Physics, edited by B. M. McCormac, 1974: 143, D. Reidel,
Hingham, Mass.

[104] McPherron, R. L. , Russell, C. T. and Aubry, M. P. , Satel-
lite studies of magnetospheric substorms on august 15, 1968,9,
phenomenological model for substorms. J. Geophys. Res. ,
1973, 78:3131-3149.

[105] Miyake, T. , Omura, Y. , Matsumoto, H. , Electrostatic particle
simulations of solitary waves in the auroral region. J Geophys
Res, 2000, 105(A10): 23239-23250.

[106] Miyake, T. , Computer Simulation of Electrostatic Solitary
Waves, Ph. D. thesis, Dep. Electr. Commun. Eng. , Kyoto
Univ. , Kyoto, Japan, 2000.

[107] Moen, J. , and A. Brekke, The solar flux influence on quiet
time conductances in the auroral ionosphere, Geophys. Res.
Lett. , 1993, 20: 971.

[108] Muschietti, L. , I. Roth, and R. E. Ergun, Kinetic localization
of beam-driven Langmuir waves, J. Geophys. Res. , 1995,
100: 17 481.

[109] Muschietti, L. , I. Roth, and R. E. Ergun, On the formation of
wave packets in planetary foreshocks, J. Geophys. Res. , 1996,
101: 15 605.

[110] Nagai, T. , I. Shinohara, M. Fujimoto,et al. Geotail observa-

tions of the Hall current system: Evidence of magnetic reconnection in the magnetotail, J. Geophys. Res. , 2001, 106: 25 929.

[111] Nakamura, R. , et al. , Motion of the dipolarization front during a flow burst event observed by Cluster, Geophys. Res. Lett. , 2002, 29(20): 1942, doi:10. 1029/2002GL015763.

[112] Nakamura, R. , et al. (2004), Spatial scale of high-speed flows in the plasma sheet observed by Cluster, Geophys. Res. Lett. , 31, L09804, doi:10. 1029/2004GL019558.

[113] Øieroset, M. , T. D. Phan, M. Fujimoto, et al. In situ detection of collisionless reconnection in the Earth's magnetotail, Nature, 2001, 412: 414-417.

[114] Øieroset, M. , Lin, R. P. , Phan, T. D. , et al. , Evidence for electron acceleration up to 300 keV in the magnetic reconnection diffusion region in the earth's magnetotail. *Phys. Rev. Lett.* 2002, 89: 195001.

[115] Ohtani, S. , M. A. Shay, and T. Mukai, Temporal structure of the fast convective flow in the plasma sheet: Comparison between observations and two-fluid simulations, J. Geophys. Res. , 109, A03210, doi:10. 1029/2003JA010002, 2004.

[116] Parker, E. N. , Sweet's mechanism for merging magnetic fields in conducting fluids, J. Geophys. Res. , 1957, 62: 509-520.

[117] Peroomian, V. , and M. El-Alaoui, The storm-time access of solar wind ions to the nightside ring current and plasma sheet, J. Geophys. Res. , 113, A06215, doi:10. 1029/2007JA012872, 2008.

[118] Petkaki, P. , M. P. Freeman, and A. P. Walsh, Cluster observations of broadband electromagnetic waves in and around a reconnection region in the Earth's magnetotail current sheet, Geophys. Res. Lett. , 33, L16105, doi: 10. 1029/ 2006GL027066, 2006.

[119] Phan, T. D. , et al. , A magnetic reconnection X-line extending

135

more than 390 Earth radii in the solar wind, Nature, 2006, 439: 175,178, doi:10. 1038/nature04393.

[120] Phan, T. D. , G. Paschmann, C. Twitty, et al. Evidence for magnetic reconnection initiated in the magnetosheath, Geophys. Res. Lett. , 34, L14104, doi: 10. 1029/2007GL030343, 2007a.

[121] Phan, T. D. , J. F. Drake, M. A. Shay,et al. Evidence for an elongated electron diffusion region during fast magnetic reconnection, Phys. Rev. Lett. , 2007b,99: 255002 .

[122] Pincon,J. L. , and F. Lefeuvre, Local characterization of homogeneous turbulence in a space plasma from simultaneous measurements of field components at several points in space, J. Geophys. Res,1991, 96: 1789- 1802.

[123] Pincon, J. L. , and U. Motschmann, Multi-spacecraft filtering: General framework,in Analysis Methods for Multi-Spacecraft Data, edited by G. Paschmann and P. W. Daly, 1998: 65- 78, Int. Space Sci. Inst. , Bern,Switzerland.

[124] Priest,E. R. and Titov, V. S. , Magnetic reconnection at three-dimensional null points. *Phil. Trans. R. Soc. Lond.* 1996, A 354: 2951-2992.

[125] Pritchett, P. L. , Geospace Environment Modeling magnetic reconnection challenge: Simulations with a full particle electro-magnetic code, J. Geophys. Res. , 2001, 106: 3783.

[126] Pu, Z. Y. , et al. , Global view of dayside magnetic reconnection with the dusk-dawn IMF orientation: A statistical study for Double Star and Cluster data, Geophys. Res. Lett. , 34, L20101, doi:10. 1029/2007GL030336, 2007.

[127] Raeder, J. , R. J. Walker, and M. Ashour-Abdalla, The structure of the distant geomagnetic tail during long periods of northward IMF, Geophys. Res. Lett. , 1995, 22: 349.

[128] Raeder, J. , J. Berchem, and M. Ashour-Abdalla, The geo-

space environment modeling grand challenge: Results from a global Geospace circulation model, J. Geophys. Res., 1998, 103: 14,787.

[129] Raeder, J., D. Larson, W. Li, et al. OpenGGCM Simulations for the THEMIS Mission, Space Sci Rev, DOI 10.1007/s11214-008-9421-5, 2008.

[130] Raj, A., T. Phan, R. P. Lin, et al. Wind survey of high-speed bulk flows and field-aligned beams in the near-Earth plasma sheet, J. Geophys. Res., 107 (A12), 1419, doi: 10.1029/2001JA007547, 2002.

[131] Reeves, G. D., et al., Radial propagation of substorm injections, International Conference on Substorms-3, ESA SP-339, 579, 1996.

[132] Reme, H. et al., First multispacecraft ion measurements in and near the Earth's magnetosphere with the identical Cluster ion spectrometry (CIS) experiment. *Ann. Geophys.*, 2001, 19: 1303.

[133] Retino`, A., et al., Structure of the separatrix region close to a magnetic reconnection X-line: Cluster observations, *Geophys. Res. Lett.*, 33, L06101, doi:10.1029/2005GL024650, 2006.

[134] Retino`, A., et al., Cluster observations of energetic electrons and electromagnetic fields within a reconnecting thin current sheet in the Earth's magnetotail, J. Geophys. Res., 113, A12215, doi:10.1029/2008JA013511, 2008.

[135] Ricci P, et al., Influence of the lower-hybrid drift instability on the onset of magnetic reconnection. *Phys Plasmas*, 2004, 11: 4489.

[136] Robinson, R. M., R. R. Vondrak, K. Miller, et al. On calculating ionospheric conductances from the flux and energy of precipitating electrons, J. Geophys. Res., 1987, 92: 2565.

[137] Rogers, B. N., Denton, R. E., Drake, J. F., et al., The role

of dispersive waves in collisionless magnetic reconnection. *Phys. Rev. Lett.* , 2001, 87(19): 195004.

[138] Roux, A. and de la Porte, B. , Wave experiment consortium, in The Cluster Mission: Scientific and Technical Aspects of the Instruments, edited by R. Schmidt and Guyennep, T. D. *Eur. Space Agency Spec. Publ.* , ESA 0379-6566,, 1988: 21-23.

[139] Runov, A. , et al. , Current sheet structure near magnetic X-line observed by Cluster, *Geophys. Res. Lett.* , 2003, 30 (11): 1579, doi:10. 1029/2002GL016730.

[140] Runov A. , V. Angelopoulos, M. I. Sitnov, et al. THEMIS observations of an earthward-propagating dipolarization front, *Geophys. Res. Lett.* , 36, L14106, doi:10. 1029/2009GL038980, 2009.

[141] Rönnmark, K. , Waves in homogeneous, anisotropic multicomponent plasmas (WHAMP), *Tech. rep.* , KRI, 1981.

[142] Sahraoui, F. , et al. , ULF wave identification in the magnetosheath: k-filtering technique applied to Cluster II data, J. Geophys. Res. , 2003, 108 (A9): 1335, doi: 10. 1029/ 2002JA009587.

[143] Samson, J. C. , Descriptions of the polarization states of vector processes: Applications to ULF magnetic fileds, *Geophys. J. R. Astron. Soc.* , 1973, 34: 403-419.

[144] Santol'1k, O. , Lefeuvre, F. , Parrot, M. , et al. , Complete wave-vector directions of electromagnetic emissions: Application to INTERBALL-2 measurements in the night-side auroral zone, *J. Geophys. Res.* , 2001,106: 13,191-13,201.

[145] Santolík, O. , Parrot, M. , Lefeuvre, F. , Singular value decomposition methods for wave propagation analysis. Radio Sci , 2003, 38(1):1010.

[146] Sarris, T. E. , X. Li, N. Tsaggas, et al. Modeling Energetic Particle Injections in Dynamic Pulse Fields with Varying Propa-

gation Speeds, J. Geophys. Res. , 107, 10. 1029/2001JA900166, 2002.

[147] Sato,T. , Hayashi,T. , Externally driven magnetic reconnection and a powerful magnetic energy converter. Phys Fluids, 1979, 22:1189.

[148] Scholer, M. , et al. , Onset of collisionless magnetic reconnection in thin current sheets: Three-dimensional particle simulations, *Phys. Plasmas*, 2003, 10: 3521.

[149] Schwartz, S. J. , Shock and discontinuity normals, mach numbers and related parameters, in Analysis Methods for Multi-spacecraft Data, edited by G. Paschmann and P. W. Daly, 1998: 249- 270, Int. Space Sci. Inst. , Bern.

[150] Sergeev, V. A. , V. Angelopoulos, J. T. Gosling, et al. Detection of localized, plasma-depleted flux tubes or bubbles in the midtail plasma sheet, *J. Geophys. Res.* ,1997, 101: 10 817.

[151] Sharma, A. S. , Nakamura, R. , Runov, et al. , Transient and localized processes in the magnetotail: a review, Ann. Geophys. , 2008, 26: 955-1006.

[152] Shay, M. A. , et al. , Alfvenic magnetic field reconnection and the Hall term, *J. Geophys Res.* , 2001, 106: 3759.

[153] Shay, M. A. , J. F. Drake, and M. Swisdak, Two scale structure of the electron dissipation region during collisionless magnetic reconnection, Phys. Rev. Lett. , 99, 155002, doi:10. 1103/PhysRevLett. 99. 155002, 2007.

[154] Shinohara I, et al. , Low-frequency electromagnetic turbulence observed near the substorm onset site. *J Geophys Res*, 1998, 103(A9): 20365-20388.

[155] Shinohara, I. , and Hoshino M. : Electron heating process of the lower hybrid drift instability, Adv. Space Res. , 1999, 24: 43.

[156] Shiokawa, K. , W. Baumjohann, and G. Haerendel, Braking of high-speed flows in the near-Earth tail, *Geophys. Res. Lett.* ,

1997, 24: 1179.

[157] Silin I, Büchner J and Vaivads A. , Anomalous resistivity due to nonlinear lower-hybrid drift waves, *Phys. Plasmas*, 2005, 12: 062902.

[158] Singh, N. , Group velocity cones in diverging magnetic reconnection structures, J. Geophys. Res. , 112, A07209, doi: 10. 1029/2006JA012219, 2007.

[159] Siscoe, G. , and Z. Kaymaz, Spatial relations of mantle and plasma sheet, *J. Geophys. Res.* , 1999, 104(A7): 14 639-14 646.

[160] Sitnov, M. I. , A. T. Y. Lui, P. N. Guzdar, et al. Current-driven instabilities in forced current sheets, *J. Geophys. Res.* , 109, A03205, doi: 10. 1029/2003JA010123, 2004.

[161] Sitnov, M. I. , M. Swisdak, and A. V. Divin, Dipolarization fronts as a signature of transient reconnection in the magnetotail, *J. Geophys. Res.* , 114, A04202, doi: 10. 1029/ 2008JA013980, 2009.

[162] Song, P. , Russell, C. T. , Time Series Data Analyses in Space Physics, *Space Science Reviews*, 1999, 87: 387-463.

[163] Sonnerup, B. , Magnetopause reconnection rate, *J. Geophys. Res.* , 1974, 79: 1546.

[164] Sonnerup, U. O. , Magnetic field reconnection In Solar system plasma physics. Volume 3. (A79-53667 24-46) Amsterdam, North-Holland Publishing Co. , 1979: 45-108.

[165] Teste A and Parks, G. K. , Counterstreaming Beams and Flat-Top Electron Distributions Observed with Langmuir, Whistler, and Compressional Alfvén Waves in Earth's Magnetic Tail, Phys. Rev. Lett. , 2009, 102: 075003.

[166] Usui, H. , H. Furuya, H. Kojima, et al. Computer experiments of amplitude-modulated Langmuir waves: Application to the Geotail observation, *J. Geophys. Res.* , 110, A06203, doi:

10. 1029/2004JA010703, 2005.

[167] Vaivads. A, et al. , Cluster observations of lower hybrid turbu-lence within thin layers at the magnetopause, *Geophys. Res. Lett*, 31, L03804, 2004.

[168] Vaivads, A. , Y. Khotyaintsev, M. Andre', et al. Structure of the magnetic reconnection diffusion region from four-spacecraft observations, Phys. Rev. Lett. , 93(10), doi:10. 1103/Phys-RevLett. 93. 105001, 2004.

[169] Vaivads, A. et al, Plasma Waves Near Reconnection Sites, Lect. Notes Phys. 2006, 687:251-269

[170] Wang, X. G. , Bhattacharjee, A. & Ma, Z. W. Collisionless reconnection: effects of Hall current and electron pressure gradi-ent. *J. Geophys. Res.* , 2000,105: 27633-27648.

[171] Wilken, B. et al. , First results from the RAPID imaging ener-getic particle spectrometer on board Cluster. Ann. Geophys. , 2001,19, 1355-1366.

[172] Wu, P. , T. A. Fritz, B. Larvaud, et al. Substorm associated magnetotail energetic electrons pitch angle evolutions and flow reversals: Cluster observation, *Geophys. Res. Lett.* , 33, L17101, doi:10. 1029/2006GL026595, 2006.

[173] Wygant, J. R, et al. , Cluster observations of an intense normal component of the electric field at a thin reconnecting current sheet in the tail and its role in the shock-like acceleration of the ion fluid into the separatrix region. *J. Geophys Res.* , 2005, 110, A09206.

[174] Xiao, C,J, et al. , In situ evidence for the structure of the mag-netic null in a 3D reconnection event in the Earth's magnetotail. Nature Phys, 2006, 2: 478.

[175] Xiao, C. J, et al. , Satellite observations of separator-line geom-etry of three-dimensional magnetic reconnection. Nature Phys-ics, 2007a, 3:609-613.

[176] Xiao, C. J. , et al. , A Cluster measurement of fast magnetic reconnection in the magnetotail, Geophys. Res. Lett. , 34, L01101, doi:10. 1029/2006GL028006, 2007b.

[177] Yang, H. A. , Jin, S. P. and Zhou, G. C. , Density depletion and Hall effect in magnetic reconnection, *J. Geophys. Res.* , 111, A11223, doi:10. 1029/2005JA011536, 2006.

[178] Zaharia, S. , C. Z. Cheng, and J. R. Johnson, Particle transport and energization associated with substorms, J. Geophys. Res. ,2000, 105: 18 741.

[179] Zaharia, S. , J. Birn, R. H. W. Friedel, et al. Substorm injection modeling with nondipolar, time-dependent background field, J. Geophys. Res. , 109, A10211, doi: 10. 1029/2004JA010464, 2004.

[180] Zhao, H. , Wang, J. , Zhang, et al. , A new method of identifying 3D null points in solar vector magnetic fields. Chin. *J. Astron. Astrophys.* 2005 ,5, 443 447, 2005.

[181] Zhou, M. , X. H. Deng, S. Fu et al. , Observation of the lower hybrid waves near the three-dimensional null pair, Sci China Ser G-Phys Mech Astron, , 2008, vol. 52, No. 4, 626-630.

[182] Zhou, M. , et al. : Observation of waves near lower hybrid frequency in the reconnection region with thin current sheet, J. Geophys. Res. , 114, A02216, doi:10. 1029/2008JA013427, 2009.

致　　谢

时光如梭,如白驹过隙,一眨眼十年寒窗,就已是如烟往事。在珞珈山下度过的十年时光是我人生中最重要的一段岁月,这十年承载了我的青春,记录了我的成长。

在完成博士论文之际,我首先要感谢的是我的恩师——武汉大学的邓晓华教授,是他引导我进入空间物理这个充满着未知数、能诱发人想象力的领域。在邓老师的影响下,我迷上了数值模拟、波动和磁场重联动力学的研究。邓老师对科学研究的执著态度以及对事物大局观的把握能力,一直是我学习的榜样。邓老师还给我提供了许多向国际上最优秀的科学家请教的机会,使我能够亲聆大师们的教诲。

我还要感谢我的导师——美国加州大学洛杉矶分校(UCLA)地球与行星际科学研究所(IGPP)的 Maha Ashour-Abdalla 教授。Ashour-Abdalla 教授以她多年从事科学研究的经验教会了我如何去做好一个课题,如何去写一篇好文章。她不仅是一位严谨的科学工作者,更是一位幽默的智者,她曾生动风趣地教会我许多做人做事的道理。Ashour-Abdalla 教授不仅在科学研究上指导我,对我的生活也非常关心,令我很受感动。

我的博士论文的完成也离不开实验室的其他老师。王敬芳老师一直很关心我们后辈的成长,我们有任何问题他都及时帮忙解决。袁志刚副教授在科研上给了我很多启发,而且他的勤奋努力更是让我钦佩不已。周晓明老师除了在工作中给予我很多帮助,在生活中则更像是一位老朋友,与他切磋球技是我生活中的一大乐事。

同时我要感谢我的师兄唐荣欣博士,他在我刚进实验室时给予了我很大的帮助,使我能够迅速地适应实验室的工作。正是因为他对实验室初期建设的巨大贡献,才有我们现在取得的成绩。我还要感谢我的两位同窗,李世友博士和庞烨博士,能在六年的博士生涯中,遇到这两位好朋友是我的幸运。我一直钦佩李世友博士热情、乐观向上的生活态度,他在卫星数据处理上给了我很多的帮助。庞烨博士对物理问题经常有自己独到的见解,在与他的讨论中我常常获得灵感,因此茅塞顿开。我要感谢付松、黄狮勇、马原、林曦、林敏惠、黄丽、李慧敏等,在你们热心的帮助下我的论文才能顺利完成。有你们,我的实验室生活才会丰富多彩。还要感谢那些已经毕业,但是曾经一起在实验室奋斗过的同学们,跟你们一起工作和学习的时光,是我人生中最宝贵的一笔财富。

我要感谢 UCLA 地球与行星际科学研究所等离子体数值模拟组的同事,Mostafa El-Alaoui 博士、Robert Richard 博士、David Schriver 博士、Vahe Peroomian 博士以及 Raymond Walker 教授,从你们的身上我学到了很多东西,在你们的无私的帮助下我的论文才能顺利完成。还要感谢在 UCLA 访问期间认识的好朋友们,他们是:李伟明夫妇、倪彬彬博士、张辉博士、周煦之博士、葛亚松博士、贾先哲博士、贾英东博士、魏寒颖、刘江、蒋菲菲、高也等等。正是有你们这一帮好朋友,我在异国他乡的生活才不至于孤单。

感谢我在美国奥本大学访问期间,林郁教授和汪学毅博士给予的热情招待和细心指导,感谢谭斌瑛博士在学习和生活上对我的帮助!

我要感谢养育我长大的父母亲,谢谢你们从小对我的教育,让我能够走上科学探索之路。是你们一直鼓励我,让我做自己感兴趣的事情。我一定会用最好的成绩来报答你们。我要特别感谢我的二叔,在我很小的时候就引导我走入科学的殿堂,培养了我面对难题,迎难而上的研究精神。

我要感谢我的未婚妻容誉女士,是她默默地陪伴我走过了这段时光,在我最需要理解和支持的时候鼓励我,安慰我。有了她,我的生活才如此精彩!

最后,感谢国家留学基金委对我去美国学习的大力资助!

周猛

2009 年 9 月于珞珈山

武汉大学优秀博士学位论文文库

已出版：

- 基于双耳线索的移动音频编码研究／陈水仙　著
- 多帧影像超分辨率复原重建关键技术研究／谢伟　著
- Copula函数理论在多变量水文分析计算中的应用研究／陈璐　著
- 大型地下洞室群地震响应与结构面控制型围岩稳定研究／张雨霆　著
- 迷走神经诱发心房颤动的电生理和离子通道基础研究／赵庆彦　著
- 心房颤动的自主神经机制研究／鲁志兵　著
- 氧化应激状态下维持黑素小体蛋白低免疫原性的分子机制研究／刘小明　著
- 实流形在复流形中的全纯不变量／尹万科　著
- MITA介导的细胞抗病毒反应信号转导及其调节机制／钟波　著
- 图书馆数字资源选择标准研究／唐琼　著
- 年龄结构变动与经济增长：理论模型与政策建议／李魁　著
- 积极一般预防理论研究／陈金林　著
- 海洋石油开发环境污染法律救济机制研究／高翔　著
  —— 以美国墨西哥湾漏油事故和我国渤海湾漏油事故为视角
- 中国共产党人政治忠诚观研究／徐霞　著
- 现代汉语属性名词语义特征研究／许艳平　著
- 论马克思的时间概念／熊进　著
- 晚明江南诗学研究／张清河　著
- 社会网络环境下基于用户关系的信息推荐服务研究／胡吉明　著
- "氢-水"电化学循环中的非铂催化剂研究／肖丽　著
- 重商主义、发展战略与长期增长／王高望　著
- C-S-H及其工程特性研究／王磊　著
- 基于合理性理论的来源国形象研究：构成、机制及策略／周玲　著
- 马克思主义理论的科学性问题／范畅　著
- 细胞抗病毒天然免疫信号转导的调控机制／李颖　著
- 过渡金属催化活泼烷基卤代物参与的偶联反应研究／刘超　著
- 体育领域反歧视法律问题研究／周青山　著
- 地球磁尾动力学过程的卫星观测和数值模拟研究／周猛　著
- 基于Arecibo非相干散射雷达的电离层动力学研究／龚韵　著
- 生长因子信号在小鼠牙胚和腭部发育中的作用／李璐　著
- 农田地表径流中溶质流失规律的研究／童菊秀　著